U0162565

DNA 计算模型设计与实现

杨 静 著

科学出版社

北 京

内 容 简 介

本书围绕 DNA 计算领域的前沿热点问题,结合新型 DNA 计算模型,提出了相应的解决方案:构建了大规模图顶点着色计算模型、基于环形 DNA 分子的最大团问题计算模型,并予以实验验证。同时,利用多种纳米技术,如链置换及自组装技术,并结合金颗粒、DNA 核酶等纳米材料,构建了多种 DNA 分子逻辑电路。本书阐述的内容能够为 DNA 计算领域的重要热点问题,以及大规模级联逻辑电路提供新的解决思路。同时也从侧面证明了 DNA 新型计算的可实现性。

本书所述内容线索明确,结构合理,主要面向从事 DNA 计算、纳米智能控制、生物信息、纳米人工智能等方向的科研人员,为其在相关研究工作中提供新的研究思路与方法,同时也可作为计算机相关专业硕博研究生的参考资料。

图书在版编目(CIP)数据

DNA 计算模型设计与实现/ 杨静著. —北京:科学出版社,2020.11
ISBN 978-7-03-066474-7

Ⅰ. ①D⋯ Ⅱ. ①杨⋯ Ⅲ. ①脱氧核糖核酸－计算模型
Ⅳ. ①Q523-39

中国版本图书馆 CIP 数据核字(2020)第 203063 号

责任编辑:闫 悦 / 责任校对:杨 然
责任印制:师艳茹 / 封面设计:迷底书装

科 学 出 版 社 出版
北京东黄城根北街 16 号
邮政编码:100717
http://www.sciencep.com

天津文林印务有限公司 印刷

科学出版社发行 各地新华书店经销
*
2020 年 11 月第 一 版 开本:720×1 000 1/16
2020 年 11 月第一次印刷 印张:12 1/4 插页:8
字数:234 000
定价:**119.00 元**

(如有印装质量问题,我社负责调换)

前　言

近年来，作为一个全新的领域，DNA 计算飞速发展，大量学者相继投身于该领域的研究。虽然，DNA 分子具有海量存储能力和高度并行性的优势，然而，目前由于构建模型的不完善、实验操作中 DNA 分子量的指数增长等限制，DNA 计算研究中仍存在一些难点问题。因此，无论是理论模型上的探索，还是实验技术上的改进，都会促进 DNA 计算的发展，同时也具有重要的科学研究意义。本书针对 DNA 计算在解决 NP 完全问题及逻辑电路方面进行了实验研究及应用。尤其是针对当前 DNA 计算中的一些难点问题，提出了解决方案，并且构建了图顶点着色问题、最大团问题及分子逻辑电路等实验模型并予以验证。本书的主要研究内容及创新点如下。

(1) 利用并行计算的思想，构建了基于线性 DNA 分子的大规模图顶点着色计算模型。本书针对目前 DNA 计算操作中存在的一些难点问题，提出了一种并行型计算模型。利用该模型，部分中间计算结果(非解)通过构建初始解空间被删除，从而有效缓解了实验中试管数的无限扩增。同时，该模型中引入并行计算，大大提高了计算问题的规模。

(2) 针对实验操作中出现的问题——线性 DNA 分子间重组导致试管数目的指数增长，构建了基于环形 DNA 分子的最大团问题的计算模型。本书中设计了一种人工合成的单链环形 DNA 分子。与线性分子不同，在实验操作中，环形分子可避免分子间重组，从而减少了实验中所需试管的数量，极大地降低了计算所需的空间，使计算所需空间随问题规模的扩大呈线性增长。为进一步改进检测手段，提高结果检测的准确性，本书提出了一种改进的求解最大团问题的环形 DNA 计算模型。在该模型中，设计了 DNA 分子增长法，该方法结合反向 PCR 技术，通过逐步增长代表顶点的 DNA 分子的长度，从而搜索出最大团问题的解。

(3) 利用多种纳米技术，如链置换及自组装技术，结合金颗粒、DNA 核酶等纳米材料，构建了多种分子逻辑电路，在空间构象上展示了前所未有的优势。与 DNA 分子相关的各种纳米技术与材料被引入 DNA 电路系统中，逐渐形成了以 DNA 分子为主导，多样化生物信息为扩展的新型 DNA 电路模型，为大规模级联电路的搭建奠定了研究基础。

第 1 章综述了 DNA 计算的研究背景及意义，分析了目前 DNA 计算的研究现状。从研究现状中分析了 DNA 计算的优势与难点问题，以及 DNA 计算涉及的研究领域，并介绍了全书的主要研究工作和创新点，为读者阅读本书提供线索建议。

第 2 章介绍了用于计算的 DNA 分子的基本结构及性质，对 DNA 计算中用到的生物操作进行了简要的概述，为读者了解相关研究重点和进展提供了理论基础。

第 3 章阐述了图顶点着色计算模型，并给出了一个 61 个顶点的图的计算实例，证明了该模型的可行性，引导读者深入了解和掌握图顶点着色分子计算模型的具体方法和技术。

第 4 章阐述了三种最大团问题计算模型，并给出了具体的实验模型。应用该模型，分析了算法步骤及实验的复杂度，向读者全面阐释了最大团问题计算模型的方案和实验流程。

第 5 章介绍了当前新型分子逻辑电路的基本构建，并构建了三种基于分子电路的 DNA 计算模型，即基于纳米颗粒的逻辑电路、基于链置换的分子逻辑电路和基于自组装技术的分子逻辑电路，向读者展示了多种分子逻辑电路的实验方案。

第 6 章对本书的内容进行了总结，为读者开展后续研究提供建议和引导。

本书在撰写过程中得到了北京大学许进教授的支持鼓励和宝贵意见，在此谨向许教授致以衷心的感谢。另外，感谢华北电力大学(北京)控制与计算机工程学院人工智能教研室师生在本书成稿过程中给予的帮助和支持。本书的出版得到了科学出版社的大力支持和帮助，在此表示诚挚的感谢。

由于作者水平有限，书中难免有疏漏之处，敬请广大读者批评指正。

杨　静

2020 年 4 月

于华北电力大学(北京)

目　录

彩图

第1章 绪　　论

1.1　DNA 计算的研究背景及意义

电子计算机作为 20 世纪的三大科学革命之一,它的发展深刻地改变并影响着人们的日常生活,并且已广泛应用于经济、科技、军事等各个领域。然而,随着科学技术的飞速发展,传统计算机面临越来越多的困境与挑战,其中一个主要原因便是传统计算机复杂的集成电路和存储已经达到硅芯片的极限,难以再有很大的突破。19 世纪 60 年代,时任仙童半导体公司工程师的戈登·摩尔提出了著名的摩尔定律:即集成电路芯片上所集成的晶体管数量,每 18 个月会扩大一倍,因此集成电路的计算能力也会提升一倍。过去的半个世纪,摩尔定律确实被一次次验证为"真理",然而,摩尔定律真的没有尽头吗?越来越多的信息技术专家学者以及从业人员给出了否定答案。研究表明,当硅芯片上的晶体管达到纳米级别(10^{-9} 米)时,其大小只相当于几个分子,物理性质、化学性质都将会发生巨大变化导致芯片不能正常运行,这时便是摩尔定律的终点。

未来的计算机技术将向超高速、超小型、平行处理、智能化的方向发展。尽管受到物理极限的约束,采用硅芯片的计算机的核心部件 CPU 的性能还会持续增长。作为微处理器的重要衡量指标,每个微处理器上的晶体管数量由 1971 年的 2308 枚到 2000 年的 3178 万枚再到 2017 年的 192 亿枚;神威·太湖之光作为世界上首台运算速度超过十亿亿次的超级计算机,在 2016 年~2017 年的两年四次超级计算机评比之中连续四次获得冠军;现如今的计算机已具备更多的智能成分,它具有多种感知能力、一定的思考与判定能力及一定的自然语言能力。除了提供自然的输入手段(如语音输入、手写输入)外,让人能产生身临其境感觉的各种交互设备已经出现,虚拟现实技术是这一领域发展的集中体现;传统的磁存储、光盘存储容量继续攀升,新的海量存储技术趋于成熟,新型的存储器每立方厘米存储容量可达 10TB(以一本书 30 万字计,它可存储约 1500 万本书)。

硅芯片技术的高速发展同时也意味着硅技术越来越接近其物理极限,为此,世界各国的研究人员正在加紧研究开发新型计算机,计算机从体系结构的变革到器件与技术革命都要产生一次量的乃至质的飞跃。科学家们在探索过程中,不断创新出新型计算机模型,如量子计算机模型[1,2]、光子计算机模型[3]、生物分子计算机模型[4-6]等，这些成果极大地拓宽了计算机领域的边界，为计算机领域注入了新的活力。新型的量子计算机、光子计算机、生物计算机、纳米计算机等将在不久的将来走进我们的生活，遍布各个领域。量子计算机是基于量子效应开发的，它利用一种链状分子聚合物的特性来表示开与关的状态，利用激光脉冲来改变分子的状态，使信息沿着聚合物移动，从而进行运算。量子计算机中数据用量子位存储，同样数量的存储位，其存储量比通常的计算机大许多。同时量子计算机能够实行量子并行计算，其运算速度可能比目前个人计算机的 PentiumⅢ晶片快 10 亿倍。目前正在开发中的量子计算机有三种类型：核磁共振(nuclear magnetic resonance，NMR)量子计算机、硅基半导体量子计算机、离子阱量子计算机。光子计算机即全光数字计算机，以光子代替电子，光互连代替导线互连，光硬件代替计算机中的电子硬件，光运算代替电运算。与电子计算机相比，光子计算机的"无导线计算机"信息传递平行通道密度极大。一枚直径为 5 分硬币大小的棱镜，它的通过能力超过全世界现有电话电缆的许多倍。光的并行、高速特性，天然地决定了光子计算机的并行处理能力很强，具有超高速的运算速度。生物计算是以生物分子作为信息载体，用生物酶和各种生化操作作为信息处理工具的一种新型计算模型。根据基本信息载体的不同，可分为 DNA 计算模型、RNA 计算模型和蛋白质计算模型等。生物计算机完成一项运算，所需的时间仅为 10 微微秒，比人的思维速度快 100 万倍。DNA 分子计算机具有惊人的存储容量，1 立方米的 DNA 溶液，可存储 1 万亿亿的二进制数据。DNA 计算机消耗的能量非常小，只有电子计算机的十亿分之一。由于生物芯片的原材料是生物分子，所以生物计算机既有自我修复的功能，又可直接与生物活体相连。

各国政府在新型计算模型的研究中给予了足够的关注与资助，大大推进了相关领域的研究进程。例如，日本的 DNA 计算机研究计划已在 1996 年开始；随后，美国、欧盟各国相继出台了"生物计算"相关研究项目的一揽子计划。面对政府机构的导向性资助，相关商业公司和集团也敏锐地嗅到了分子计算新型技术的潜在商机。近年来，世界各国的大公司也大力投入，试图开创非传统计算的新时代。2002 年，日本奥林巴斯公司正式宣布他们已经开发出第一台可投入商业应用的分子计算样机；2009 年，IBM 公司宣布用 DNA 和纳米技术开发下一代微处理芯片，开创了分子计算的新纪元；2013 年 5 月 D-Wave System 公司宣称 NASA 和 Google 共同预定了一台采用 512 量子位的 D-Wave Two 量子计算机；2019 年 7 月，由澳大利亚新南威尔士大学的米歇尔·西蒙斯领导的团队，创建出了首个硅中双原子量子比特门，操作在 0.8 纳秒内完成，比现有其他基于自旋的双量子比特门快 200 倍，是迄今为止速度最快的，成为构建原子级量子计算机的一个重要里程碑；在 2019 年 4 月 16 日召开的全球分析师大会上，华为宣布成立战略研究院，由华为董事徐文伟担任院长，这个研究院将是华为统筹创新 2.0 的关键，其主要负责 5 年以上的前沿技术的研究，华为列举了三个新型技术的例子，包括光计算、DNA 存储及原子级的制造。

近年来，DNA 计算作为新兴计算领域的一部分，凭借其天然的微观分子特异性及优异的并行计算能力，吸引了越来越多研究人员的目光，已成为国际前沿热点研究领域。DNA 分子具有微小、高并行、特异识别等优秀特性，从而具有极强的并行计算能力和海量信息存储等优势。同时，分子生物学家研究发现了一系列操作 DNA 的方法与技术：内切酶切割、连接酶连接、聚合酶链式反应(polymerase chain reaction，PCR)扩增、DNA 测序技术、荧光标记以及分子自组装技术等，这些方法使 DNA 分子在生物操作上具有高度的可行性。早在 20 世纪 60 年代，Feynman 已经提出了运用生物分子进行计算的设想，即构建一种"亚微观尺度的计算机"。1994 年，美国南加州大学的 Adleman 教授将生物技术与 DNA 分子结合起来，成功求解了一个 7 个顶点 6 条边的有向哈密尔顿路径问题，他利用 DNA 分子作为信息载体，编码数学问题，并用内切酶来完成运算，最终通过电泳、测序等生物技术读取问题的解。Adleman 实验的成功预示着以生物分子作为信息处理载体的新型计算机成为可能。这一研究成果迅速吸引了计算机、数学、化学及生物学等各个领域学者们的关注，之后，越来越多的研究人员开始投入到 DNA 计算的研究中，提出了很多 DNA 计算模型，并用其解决了很多相关的 NP 问题和经典逻辑问题。例如，Lipton 建立的解决可满足性问题的 DNA 计算机[5]；Ouyang 等采用平行折叠技术(parallel overlap assembly，POA)解决 NP 问题中图最大团问题的 DNA 计算模型[7]；Liu 等建立的表面计算模型[8]等。

随着生物计算学的不断发展，DNA 计算这一交叉领域有了越来越广泛的应用前景，不断为新型计算机的发展拓宽道路。计算机的发展水平已成为衡量国家现代化程度及综合实力的重要指标，在社会经济发展中发挥着极其重要的作用。计算机产业已在世界范围内发展成为具有战略意义的产业。传统通用性 CPU 芯片在并行处理、多重处理以及解决 NP 问题等方面存在瓶颈，而 DNA 计算具有动态可变的开放式拓扑结构以及巨大的并行能力，因此在解决图染色等经典 NP 问题时具有先天优势。同时，DNA 计算在纳米机器、海量信息存储、复杂计算、分子智能以及疾病检测等领域具有广泛的应用前景。

1.2　国内外研究现状

与传统的电子计算机不同，DNA 计算是一种基于生化反应机理的新型信息处理模式。诺贝尔奖获得者 Feynman 在 20 世纪 60 年代初首次提出了分子计算的概念。1994 年，Adleman 使用 DNA 分子成功解决了一个哈密尔顿路径问题，开启了全新的分子计算，特别是 DNA 计算领域[4]。1995 年，美国普林斯顿大学的 Lipton 教授提出了一种求解可满足性问题的 DNA 计算模型[5]。该模型是通过对 DNA 进行编码，使得到的 DNA 具有逻辑判断能力，从而使它能进行简单的"是"与"非"判断，这一思想被 Faulhammer 在实验中进行了相应的实现。1996 年，Roweis 等通过对生物计算机理的进一步研究，提出了新的 DNA 计算模型——粘贴模型[9]。然而，随着问题规模的扩大，编码信息的 DNA 链的数目呈指数增长，合成的初始解空间出现了指数爆炸现象。这使得基于粘贴模型的 DNA 计算进入了发展瓶颈，为了解决这种问题，一些研究学者提出不产生初始解空间，通过逐步生成解的方法来完成计算，这样就克服了试管存储能力有限的弊端，从而进一步开发了 DNA 计算的巨大潜力，促进了 DNA 计算的长足发展。到 2000 年，由于一种新的 DNA 计算实现方式——基于表面技术的 DNA 计算模型被 Liu 等提出，DNA 计算迎来了一个新的阶段[8]。

自从 1994 年 Adleman 的实验成功以来，DNA 计算经历了二十几年的蓬勃发展。在这期间，美国、英国、加拿大、中国、日本等国家的很多大学以及科研机构都相继加入到 DNA 计算这一新兴领域，并开展了一系列的研究工作。在该领域的研究中，每年在 *Nature*、*Science*、*Proceedings of the National Academy of Sciences of the United States of America* 等国际顶级权威期刊上都有最新研究成果的论文发表。同时，国内外很多研究小组及机构也在进行着紧密地协作，并定期进行技术交流与讨论，例如，每年定期召开 International Conference on DNA Computing and Molecular Programming 和 Bio-inspired Computation Conference: Theory and Application 国际会议。正因为如此，DNA 计算领域的研究发展迅速，在理论计算模型、实验操作模型以及检测技术方面都取得了很大的突破。有很多 DNA 计算模型如剪接模型、粘贴模型、插入/删除系统、最小计算模型等被提出。以上模型也表明了 DNA 计算模型具有高度并行性，存储容量巨大，降低问题复杂度，能量消耗极低，能在纳米级水平上精确操控的优势。

DNA 计算目前主要可分为两大类计算模型，即理论计算模型和实验操作模型。理论计算模型是指通过建模，以 DNA 串为译码信息，用不同的生物操作即算子在 DNA 序列上执行操作并完成计算。实验操作模型是指在建立计算理论模型后，通过多种生化操作，在试管或特定的容器中完成的运算。这种模型与理论模型不同，其中所有的运算都必须通过实验操作完成。实验中存在的不确定因素很多，如 PCR 中将误差放大、杂交中 DNA 序列间的非特异性识别以及检测中出现假阳性现象等，这些问题的存在使实验操作模型比理论模型更难完成。因此，生化操作的改进与创新是推动该领域前进的必要条件，也为建立自动化的、通用的 DNA 计算机奠定了实验基础。

1.2.1　理论计算模型

在分子计算中，大量的理论模型被研究人员提出并验证。迄今为止，提出的理论模型主要有粘贴模型[9,10]、剪接模型[11,12]、插入-删除 DNA 计算模型[13,14]、k-臂 DNA 计算模型[15,16]、三链核酸 DNA 计算模型[17]、瓦片型计算模型[18-20]以及图灵机模型[21,22]等，其中研究最多的两类模型是粘贴模型和剪接模型。

1）粘贴模型

粘贴模型（sticker model）是一种基于 Watson-Crick 碱基互补配对的计算模型。这种模型包含一条长的储存链和许多条短的粘贴链，每条短的粘贴链与储存链上的特定区域互补。其基本原理是：利用 DNA 分子自身固有的碱基互补配对原则进行信息编码，将所要处理的问题映射为特定的 DNA 序列；然后在生物酶的催化作用下，通过可控的生化反应合成问题的初始数据库；最后利用各种分子生物技术如 PCR、RNA 干扰技术（RNA interference，RNAi）、分子纯化及克隆、电泳、磁珠分离、序列测定等手段检测并获得运算结果。1996 年，在 Adleman 和 Lipton 的实验模型基础上，Roweis 等提出粘贴模型并给出了覆盖问题的 DNA 算法[9]。1998 年，Paun 等将粘贴模型的概念进一步推广[12]。随后，Lai 等设计了基于粘贴模型的软件平台[23]。Sakakibara 等改进了该模型并给出了一种新的粘贴系统[24]。目前，大多数的 DNA 计算模型都是在粘贴模型的基础上改进并用于求解 NP 问题的。

2）剪接模型

1997 年，Ouyang 等建立了基于酶切技术的求解最大团问题的 DNA 计算模型[7]。该模型利用限制性内切酶和连接酶，使 DNA 链在切割后再进行重新连接，最终计算出最大团问题的解。这种基于生物体本身固有的酶切及连接等反应的计算模型被称为剪接模型（splicing model）。2000 年，Paun 论述了剪接模型的计算能力，并证明了理论上该模型具有通用性[11]。2001 年，Shapiro 等建立了一台基于剪接思想的可编程的有穷自动机，进一步证明剪接模型的计算完备性[25]。此外，大量的基于剪接系统的理论和实验计算模型被提出，其中，Head 等提出的质粒 DNA 计算模型也属于其中一种[26]。剪接模型在理论上发展较好，但在实验操作上还存在许多难以解决的问题，如内切酶的种类有限、花费较高、酶切及连接反应效率有待提高等。随着分子生物技术的提高，以上这些问题也许会在未来的研究中被解决。

1.2.2　实验操作模型

目前，基于实验操作的 DNA 计算模型主要有两种不同的分类方式。一种是根据实验完成的介质不同，可分为：①试管溶液中的 DNA 计算模型；②基于表面计算的模型。另一种则是根据实验操作的分子不同，可分为：①基于 DNA 分子的计算模型；②基于 RNA 分子的计算模型。

1. 根据实验介质不同分类的计算模型

1) 试管溶液中的 DNA 计算模型

溶液中的 DNA 计算模型是指 DNA 分子在缓冲液中，通过利用自身的碱基互补配对等性质，借助 PCR 扩增、杂交及酶切等生化反应实现运算的实验模型。1994 年，Adleman 利用 DNA 独特的双螺旋结构和 Watson-Crick 互补配对原则对有向哈密尔顿路径(含有 7 个顶点)的顶点进行编码，得到特定的有序 DNA 链，再通过连接、变性、PCR 扩增、电泳等操作求解出了原始问题的解空间，第一次在溶液中通过操作 DNA 实现了一种计算模型[4]。1997 年，Ouyang 等利用 DNA 计算解决了一个小规模的最大团问题[7]，该模型结合酶切技术，通过切割、分离被内切酶识别的 DNA 分子，完成运算。2000 年，Sakamoto 等利用 DNA 发夹结构解决了一个具有 6 个变量 10 个子句的可满足性问题(satisfiability problem, SAT)，使 DNA 计算向自动化方向迈进了一步[6]。同年，Head 等利用生物中存在的质粒 DNA 解决了一个小规模的最大独立集问题(maximun independent set problem, MIS)[26]，该模型利用了不同于先前的 DNA 结构——质粒 DNA，为 DNA 计算的实现提供了新的思路。此外，Faulhammer 等用 RNA 分子求解了计算科学上著名的"骑士"问题，使 RNA 分子也引入到新型分子计算领域[27]。2006 年，Seelig 等在 *Science* 杂志上发表了工作[28]，该研究组报告了基于 DNA 的数字逻辑电路的设计和实验实现，演示了"AND""OR""NOT"门以及信号恢复、反馈、放大和级联，其二输入"AND"门基本原理图如图 1.1 所示。2007 年，Zhang 等构建实现了 DNA 催化熵驱动的反应回路[29]，提供了一种简单、快速、模块化、可组合、稳定的放大电路元件，原理图如图 1.2 所示。2011 年，Qian 与 Winfree 发表在 *Science* 上的工作[30]，同样利用 DNA 链置换技术构建了一种 seesaw 门逻辑电路(图 1.3)，实现了四位二进制平方根等问题的求解。2018 年与 2019 年，Yang 等以及 Zheng 等在 *Nucleic Acids Research* 杂志上发表的两篇工作[31,32] (图 1.4，图 1.5)，都是基于 DNAzyme 控制的 DNA 逻辑电路，实现了基本逻辑门("YES""AND""OR")、多层级联电路和自催化电路的搭建，提出了一种变构方法调控 DNAzyme 的活性，为解决科学问题"DNAzyme 基本逻辑模块级联运行实时分析"

提供了有力的实验依据。除以上这些溶液中实现的计算模型外，试管溶液中的 DNA 计算模型还有很多，这类模型都有共同的优势——储存容量大且具有高度并行性，这使得它成为当前 DNA 计算领域中的研究主流。

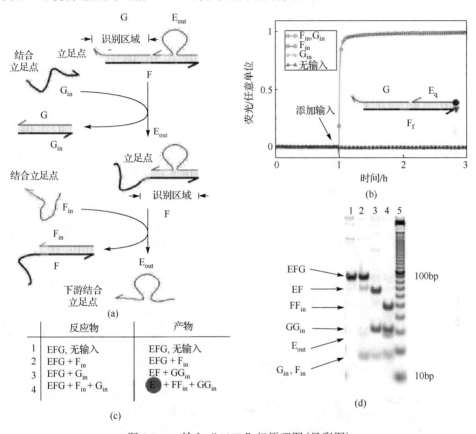

图 1.1　二输入"AND"门原理图（见彩图）

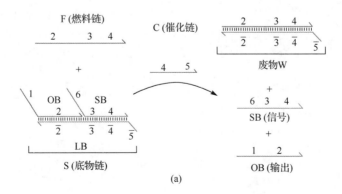

(a)

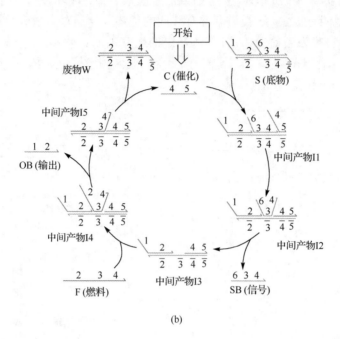

(b)

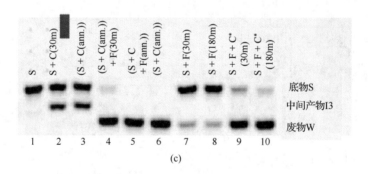

(c)

(d)

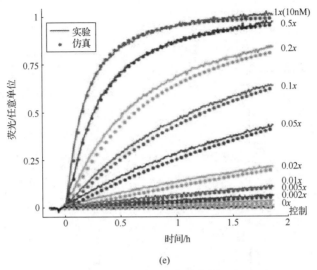

(e)

图 1.2 DNA 催化熵驱动反应原理与验证

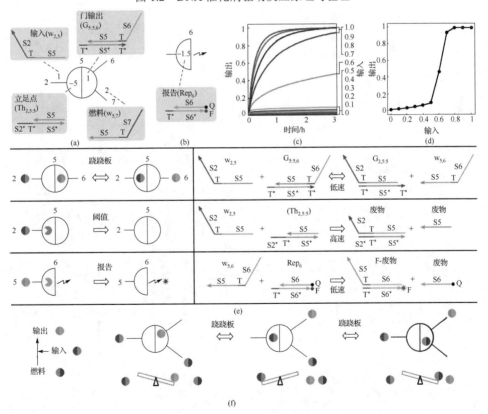

图 1.3 DNA 构建 seesaw 门的设计与实现(见彩图)

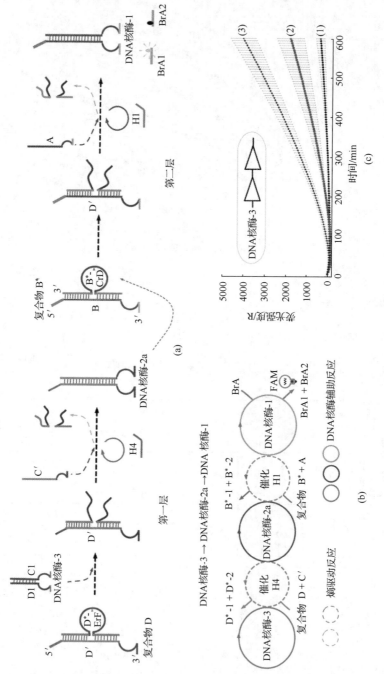

图 1.4　DNAzyme 分子逻辑电路设计与实现 (见彩图)

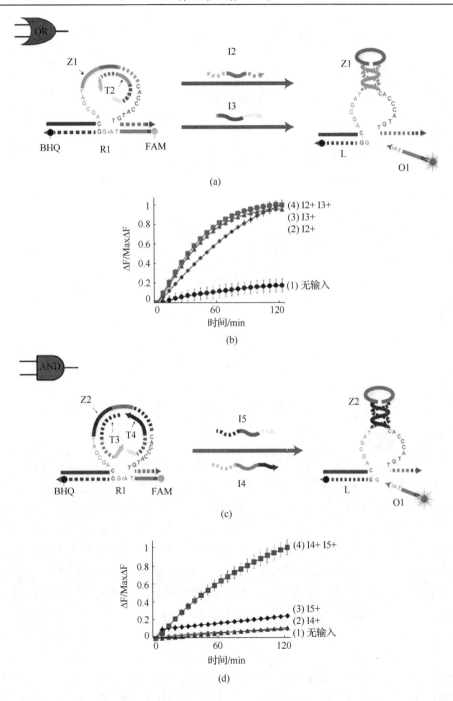

(a)

(b)

(c)

(d)

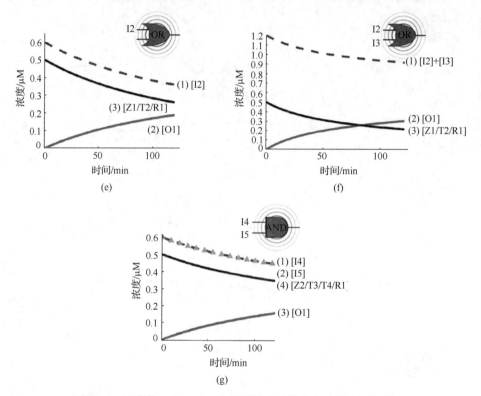

图 1.5　可变构 DNAzyme 分子逻辑电路设计与实现（见彩图）

2) 固相表面的计算模型

表面计算模型是将参与计算反应代表解的 DNA 分子固定在固相支持物如芯片、磁颗粒、金颗粒和 DNA 折纸结构等，利用 PCR 扩增、杂交、酶切等生化反应进行计算，最终通过荧光强度、电泳及测序等手段读取真解的计算模型。2000年，Liu 等利用这种方法解决了一个包含 4 个变量，由 4 个子句组成的小规模的可满足性问题[8]。他们通过杂交、删除、去除杂交等操作，首先将所有可能的解的 DNA 片段固定在固相表面，加入互补的 DNA 链与其杂交，而未被杂交的 DNA 链通过酶切降解。随后，去除和代表解的链互补的链，依次重复，最终保留在固相表面的 DNA 链就是问题的解。2001 年，Wu 对这一方法进行了改进[33]，使得需要的 DNA 链的数量和实验操作的时间都极大地减少，同时使实验操作的固相表面具有可重复利用性。虽然表面计算具有不易丢失真解、读取真解简便及真解的输出速度快等优势，但是仍然没有建立一种通用的 DNA 计算模型。2004 年，Su 等建立了通用的表面 DNA 计算模型[34]，并通过实验进行了验证。利用该模型，构建了逻辑或非门和或门，并将这两种运算组合形成简单的逻辑电路。由于或非门是逻辑运算中通用门之一，那么其他所有的逻辑门就都可以利用表面计算 DNA 模型构建，并且通过生化实验验证。或非门的构建成功意味着表面 DNA 计算模型对其他逻辑运算都具有通用性。

另外，表面计算模型为 DNA 计算的自动化操作指明了新的方向。该模型不仅具有输出速度快、计算准确性高的优势，而且还具有简便性。用固体如芯片等作为支持物，使 DNA 分子很容易从缓冲液中分离，因而无须进行分管操作，同时还能实现流水线式的、自动化式的分子操作。尤其随着微流控制芯片的飞速发展，大量的自动化程度较高的微流控 DNA 计算模型被提出并用于逻辑运算[35-39]。

2. 根据实验操作分子不同分类的计算模型

1)基于 DNA 分子的计算模型

DNA 分子计算模型是以 DNA 分子作为信息处理的数据，通过不同的生化操作，完成相应计算功能。研究人员利用 DNA 分子构建的计算模型有很多，根据 DNA 分子的结构与形态不同，主要可分为以下两种：①基于线性 DNA 分子的计算模型[40,41]；②基于质粒 DNA 的计算模型[26,42,43]。

(1)基于线性 DNA 分子的计算模型。

自从 1994 年 Adleman 教授[4]开辟了 DNA 计算这个新领域之后，Lipton 教授[5]、Ouyang 教授等[7]都相继利用线性 DNA 分子解决了不同的小规模的 NP 完全问题。随后，大量研究人员的目光被吸引到 DNA 计算领域。2001 年，Shapiro 等利用线性 DNA 分子和生物酶设计了一种可自动化的、可编程的解决组合优化问题的有穷自动机[25]。2002 年，Braich 等设计了半自动化的线性 DNA 分子自组装计算模型[44]，解决了一个含有 20 个变量的 3-可满足性问题。这项实验的成功为 DNA 计算解决大规模 NP 问题奠定了基础，也为 DNA 计算的自动化提供了有力的证据。

国内在 DNA 计算方面也取得了丰厚的成果。北京大学的许进教授提出了一种基于探针图的并行型图顶点着色的 DNA 计算模型[45]；张成等构建了基于 DNA 自组装链分支迁移的分子逻辑计算模型[46]；殷志祥等提出了一种基于分子信标的 DNA 计算模型[47]；上海交大的赵健和钱露露用线性 DNA 分子自组装成一维线段实现了两个非负二进制整数相加的运算[48]，以及北京工业大学的孟大志教授利用 DNA 芯片组技术解决了一个极大平面图的四着色问题[49]等。

(2)基于质粒 DNA 的计算模型。

2000 年，Head 等首次将环形质粒 DNA 引入分子计算[26]。他利用环形双链质粒 DNA 求解了一个 6 个顶点的最大独立集问题。在该模型中，用于计算的质粒含有代表顶点的外源 DNA 序列，这些序列中的每一段都含有特定的内切酶位点。通过酶切反应，挑选出代表解的质粒。此外，周康等利用质粒 DNA 构建了指派问题、可满足性问题及最短路问题的理论模型[50-52]。王淑栋等给出了图的最小顶点覆盖问题的质粒 DNA 计算理论模型[42]。高琳等构建了图的最小极大匹配问题的质粒 DNA 计算模型[43]。尽管用质粒 DNA 作为运算载体具有一些优势，如质粒能自主复制、在生物体内实现计算等，但是由于内切酶效率及种类的限制、质粒复制时间较长等因素的影响，利用质粒 DNA 分子进行计算仍需进一步的改进和探索。

2) 基于 RNA 分子的计算模型

与 DNA 分子计算模型不同，RNA 分子计算模型以 RNA 分子作为基本的信息数据的载体，通过各种不同的生化操作完成运算，实现各种不同的运算功能。1997 年，Landweber 等首先运用 RNA 分子构建求解了一个著名的国际象棋中的难题[53]。1999 年，Cukras 等利用 RNA 分子构建计算模型求解可满足性问题[54]。2000 年，Faulhammer 等在期刊 *Proceeding of the National Academy of Sciences of the United States of America* 上发表工作，利用 RNA 计算模型求解了一个著名的"骑士"问题[27]。在这个模型中，代表数据的均为 RNA 分子，用核糖核酸酶(RNase H)删除非解，提取真解。RNase H 酶与限制性内切酶不同，它能消化和 DNA 杂交的 RNA 链，单独完成在 DNA 链上的多个特定位点的切割，所以它的作用具有通用性。然而，用来切割 DNA 的限制性内切酶不具有这种通用性，它仅识别特定的序列，并且种类有限。因此，RNase H 酶的特性也是 RNA 计算的一个优势。

3) 基于 RNAi 技术的计算模型

基于 RNAi 技术的计算模型是指利用 RNA 干扰技术,在活体细胞内完成分子运算的模型。RNA 干扰技术是指双链 RNA(dsRNA)分子进入细胞后，被特异核酸酶切割加工成小干扰 RNA(siRNA)，经过活化后，siRNA 在核酸内切酶的作用下切割靶 RNA 分子，从而特异的抑制靶基因的表达。2004 年，Kramer 等在哺乳动物细胞内完成了生物分子控制的逻辑门运算[55]，首次成功地实现了活体细胞内的计算。2007 年，Rinaudo 等在 *Nature Biotechnology* 上报道了利用 RNAi 技术成功地实现活体细胞内的布尔逻辑运算[56]。此外，国内研究小组也紧跟热点研究方向，在活体内计算方面进行了初步研究，如厦门大学的刘向荣等构建了基于 RNA 干扰技术的用于解决最小支配集问题的活体 DNA 计算模型[57]。

4) 基于 DNA 自组装结构的计算模型

近年来，基于 DNA 自组装的计算模型吸引了国内外学者们的目光，越来越多的研究人员利用 DNA 自组装技术构建模型来实现简单的逻辑运算。DNA 自组装技术为纳米级别微观粒子操控提供了良好的工具，并因此成为 DNA 计算领域的核心关键技术之一。基于 DNA 自组装的纳米结构具有微观可编程操控性、巨大的并行性和很高的能量效率及存储能力，已被广泛应用于分子计算、生物芯片、生物密码技术、纳米机器、数据存储、靶向运输等方面。早在 19 世纪 60 年代，Wang 就提出了利用 DNA 单链组装成瓦片结构进行计算[58]。20 世纪 90 年代，Seeman 教授研究组进一步改进了瓦片结构，获得了环行、四边形等更复杂的 DNA 自组装体[59-61]。2002 年，Carbone 和 Seeman 应用并改进了 Wang 的瓦片结构，利用其形成一维结构进行累积异或（XOR）逻辑门运算[62]。Qiu 提出的插入-删除方法[63]与 Barua 等提出的递归方法都是利用 DNA 自组装体进行简单的加法运算[64]。随着 DNA 自组装技术的进一步发展，形成的自组装体结构越来越稳定，越来越可控，二维和三维结构也都相继被用于进行运算。2000 年，Mao 等利用自组装形成的 TX（triple-crossover）模块实现了异或逻辑运算[65]。2006 年，Brun 利用 DNA 自组装体构建了加法和乘法运算的理论计算模型[66]，并在此基础上还解决了"子集和"和"大数分解"等问题[67,68]。

5）生物酶与 DNA 分子结合的计算模型

近年来，研究人员基于 DNA 分子构建越来越复杂可控的计算模型，如 seesaw 门电路、熵驱动 DNA 电路等，然而单纯的 DNA 操作构建复杂电路能力有限，因此，越来越多的研究人员将各种生物分子结合到 DNA 电路中，如由生物酶催化 DNA 电路、蛋白质结合 DNA 电路等，大大拓宽了 DNA 电路的边界，使其拥有更加广泛的发展前景。

（1）基于 DNAzyme 的 DNA 电路。

DNA 核酶由于兼顾 DNA 分子和生物酶的双重特性，如可变构性、可催化性以及结构简单等，因此近年来被科学家们广泛地应用于分子电路的构建中。研究人员基于 DNAzyme 实现了逻辑运算、级联运算、分子"开关"传感等。2009 年，Moshe 等利用离子依赖的 DNAzyme 及其底物组成超分子结构构建了 DNAzyme 级联并灵敏地检测离子或激活逻辑[69]。另外，其利用镁离子和氧化铀离子作为输入，实现构建了"OR"和"AND"逻辑门。2010 年，Bi 等以离子依赖的 DNAzyme 为基础，设计了一个基于颜色变化输出的逻辑门系统（图 1.6）[70]。其中以铅离子和镁离子为输入，激活 DNAzyme 使其切割底物链，然后可用于连接单个 DNA-AuNP 探针，通过 AuNP 颜色变化输出运算结果。用这种原理，实现了异或门、或非门、与非门等逻辑门的搭建。这种方法可以检测任何具有特定 DNAzyme 和其他靶点的金属离子，在室温下金属离子的快速检测中具有良好的应用前景。2012 年，Elbaz 等完成了由镁离子和氧化铀离子依赖的 DNAzyme 亚基及其底物的模块库，构建了人工 pH 调节的可编程 DNA 逻辑阵列的设计[71]。该工作通过对 DNA 分子计算单元进行模块化设计，实现了各种 pH 调节的可编程逻辑阵列，阵列可以被擦除、重用或重编程。图 1.7 展示的是 pH 可编程器件的设计原理，该系统包括一个脱氧核酶亚基(Box I)及其各自的底物(Box II)库，在有适当核酸输入的情况下，计算单元进行引导组装(Box III)，产生适当的输出(Box IV)。该系统表明已编程的 DNA 电路可能与数字电子器件连接且还可应用于纳米医学中控制细菌刺激的生物转化。

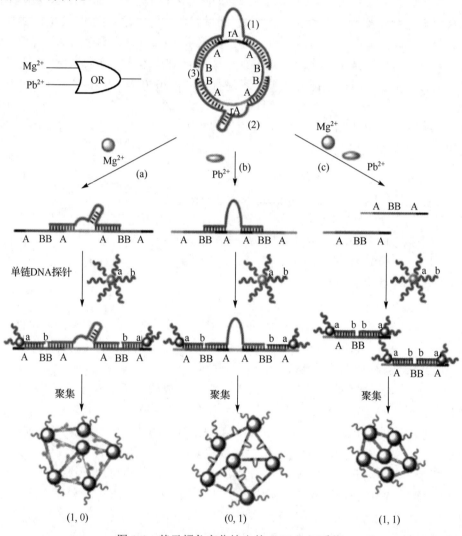

图 1.6 基于颜色变化输出的"OR"门系统

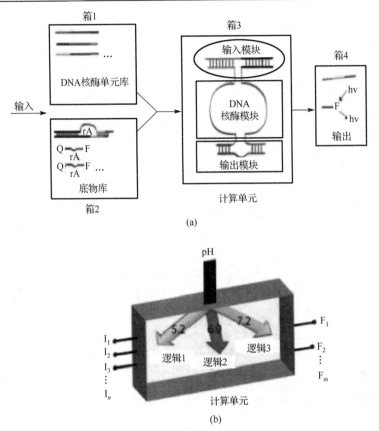

图 1.7　pH 调节的可编程 DNA 逻辑阵列

DANzyme 的催化反应是设计可编程生物分子的一条重要依据。2014 年，Brown 等开发了基于 DNA 的催化逻辑门（图 1.8）[72]，通过末端延长部分（toehold）介导的链置换进行控制，从而通过将不匹配的碱基合理的引入抑制剂链达到检测任意输入序列的目的。2014 年，Orbach 等模拟自然界转录后选择性剪接过程，利用 DNAzyme 的重构性构建了一个基于 DNAzyme 级联的全加器计算系统的输入引导装配（图 1.9）[73]，该系统通过重新配置输入来增加逻辑元件的多样性。全加器有三个输入，可产生两种不同的输出信号分别作为"和"与"进位"。该系统由一个 Mg^{2+} 依赖的 DNAzyme 亚单位及其底物库组成，这些底物两端修饰有荧光图/猝灭基，其序列编码有效信息，并通过可重构的 DNAzyme 特异性切割，释放荧光团作为输出信号。

DNAzyme 还可以结合 DNA 自组装体形成模块化计算平台。2016 年，Wu 等用 Pb^{2+} 依赖的 DNAzyme 结合 DNA 自组装结构，实现二聚体、三聚体的自组装结构，为"折纸化学"奠定基础（图 1.10）[74]。在"折纸化学"中，折纸贴片提供的

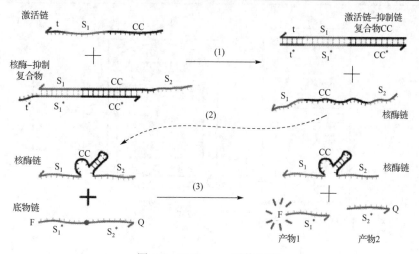

图 1.8　DNAzyme 置换反应

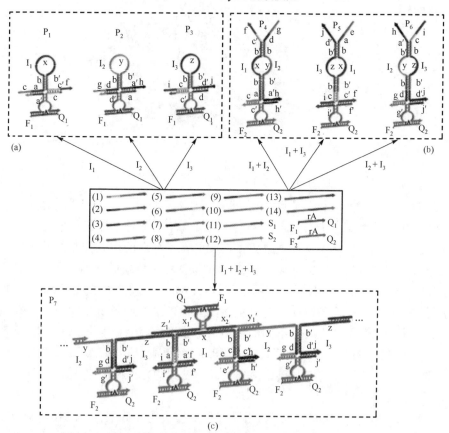

图 1.9　一种基于可重构 DNA 输入的全加法计算

结构类似于原子的结构，这些原子可以组装成基于折纸的"分子"，这些"分子"可以进行程序化的指令反应。最近发展的研究成果利用纳米颗粒作为模拟原子的功能部件，因此利用折纸砖作为反应"折纸分子"的构建单元是一个更有趣的发展方向，并且能够为模块化计算提供新的实验方法。

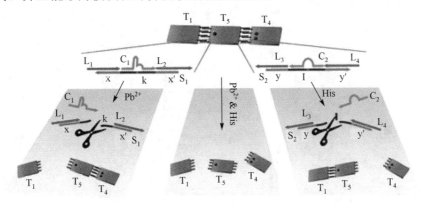

图 1.10　二聚体和三聚体折纸的 DNAzyme 控制切割

分子的快速灵敏检测一直是化学、材料等领域重点研究的课题，随着具有催化活性的 DNA 被发现（即 DNAzyme），由于其较低的生产成本和良好的抗水解稳定性，被研究人员越来越多地应用到生物传感平台上来。2011 年，Wang 等用 Mg^{2+} 依赖的 DNAzyme 作为生物催化剂设计实现 DNA 信号放大器（图 1.11）[75]，通过 DNAzyme 切割修饰荧光基团和猝灭基团的底物链，释放荧光读取信号。这种检测方法突破传统 DNA 监测系统使用蛋白酶和对特定温度的限制，以 DNAzyme 作为催化剂，恒温进行反应，将靶向 DNA 序列设计进发夹底物，使其产物参与催化检测过程，实现整个监测系统的自催化和信号放大功能。

（2）传统生物酶与 DNA 分子结合的 DNA 电路。

自然界中存在着多种多样的生物酶，它们在生物体内发挥着不同的功能，常见的生物酶有 DNA 聚合酶、DNA 连接酶、逆转录酶、限制性内切酶、解旋酶、RNA 聚合酶、ATP 合成酶、ATP 水解酶等。研究人员将这些生物酶引入 DNA 电路，构建了大量具有特定功能的计算电路。2019 年 11 月，Su 等运用聚合酶介导 DNA 链置换，其基本原理如图 1.12 所示，构建 DNA 算术逻辑单元，并实现了各种逻辑门运算、逻辑全加器、4：1 复用器等电路功能[76]。2019 年 9 月，Zhang 等将 Nicking 酶引入到熵驱动 DNA 催化电路中[77]，实现了具有双重循环的 DNA 电路，大大提高了传统催化 DNA 电路的可回收效率，并运用其原理构建了具有多重调控手段的级联 DNA 回路，为熵驱动 DNA 电路构建更加复杂可控的电路系统提供了新的发展思路，其基本原理图如图 1.13 所示。

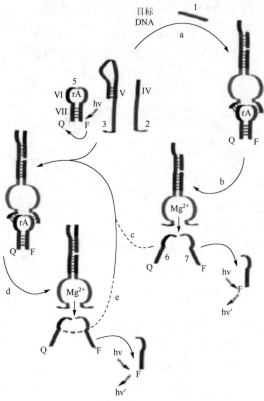

图 1.11 自催化 DNAzyme 检测过程

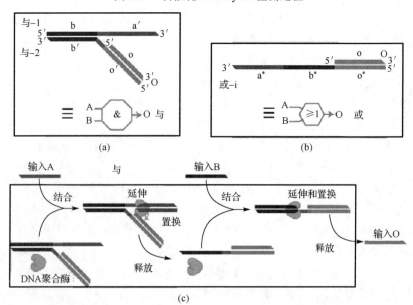

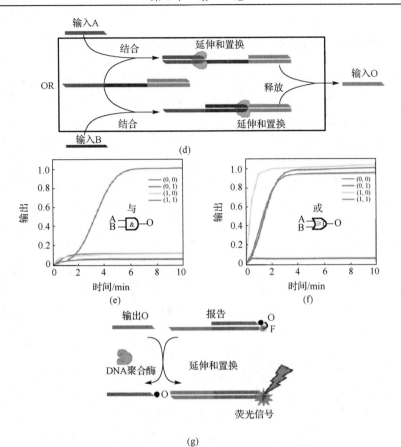

图 1.12　利用 DNA 聚合酶介导链构建 "OR" 门和 "AND" 门及其验证

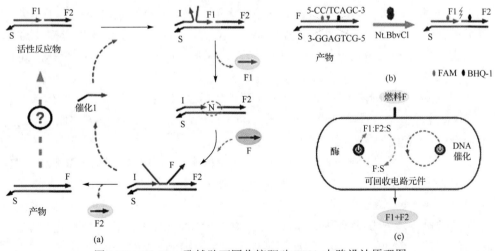

图 1.13　Nicking 酶辅助可回收熵驱动 DNA 电路设计原理图

1.2.3 DNA 计算的优势与存在问题

DNA 计算作为不同于传统电子计算机的新型计算机技术，从理论上来看，DNA 计算机具有与现代电子计算机同样的计算功能与能力，同时它还具有传统电子计算机不具备的巨大潜力[78,79]。

(1)DNA 计算具有高度并行性，且运算速度快。不论是 DNA 计算机还是电子计算机，其运算速度都取决于两个因素：①并行处理能力；②单位时间内的运算步骤。当今最快的电子计算机运算速度是 10^{16}/s，且它是由 6800 多个中央处理单元堆积起来并行集成的运算速度。在典型的试管中，常规生化实验能处理的 DNA 分子数目约为 $10^{16}\sim10^{18}$ 个 DNA 分子，而每个 DNA 分子都可单独作为一个纳米级处理器。在常规的生化实验条件下，这些分子可同时进行反应，因此并行处理能力极强。对 DNA 计算来说，每一步独立操作的实现(如提取 DNA 链)，都要花费几分钟甚至几小时。与每秒可以执行万亿次操作的超级计算机比较，DNA 计算每一步花费的时间，看起来不能令人信服。虽然 DNA 计算的每个操作本身与电子计算的实现相比非常缓慢，但是 DNA 计算真正的能力在于其固有的并行机制。每步操作不是在一条 DNA 链上进行的，而是在许多条 DNA 链上同步进行的，DNA 反应的巨大并行性足以补偿当前巨型机或更强的计算要求。

(2)DNA 分子具有强大的存储能力。我们都知道在信息时代，数据量是指数增长的，而且是累积的，其增长的速度远高于摩尔定律。那么，存储的容量要求越来越大，势必导致成本不断增加，而这种增长不可持续，存储已经成为计算机产业中成本最高的部分。因此，要么把一些数据不断地丢弃，要么寻找容量更大的存储技术。众所周知，基因的信息是巨大的，人的一个基因信息有几十个 G，存储基因信息的 DNA 是非常高效的。一个立方毫米的 DNA 就可以存储 700TB 的数据，相当于 70 个今天主流的 10T 硬盘，按照这样测算，一公斤的 DNA 可以存储今天所有的数据，容量达到惊人的程度。

(3)DNA 计算能量消耗低。电子计算机执行 2×10^9 操作需要耗能 1 焦耳，而在 DNA 计算机中，同样的能量可以使 10^{19} 个 DNA 分子的连接反应完成。相比之下，DNA 计算机的能量消耗极低。

(4)DNA 计算的运算种类丰富多样。传统的电子计算机根据电位高低产生 0，1 序列进行运算，其最基本的运算是加法与乘法运算模块。而 DNA 计算机的基本运算可以有不同的数据载体，且依赖于不同的生物操作(连接、切割、复制、杂交、固定及解链等)，所以运算种类非常丰富，这为 DNA 计算的生化实现奠定了基础。随着生物技术的不断发展，DNA 计算也可以不断得到发展改进。

(5)DNA 计算应用前景广阔。DNA 计算不仅能解决计算领域的问题，而且在医学领域、纳米技术领域等都有广阔的应用前景。在医学领域，DNA 自组装体可以作为药物载体，在到达体内靶器官后再释放药物，从而提高药物识别的特异性及疾病治疗的效果；此外，随着分子生物学技术的高速发展，新的技术如 RNA 干扰等不断被应用，使得活体细胞内实现分子运算成为可能并实现。在纳米技术领域，DNA 计算可实现纳米机器的精确控制、纳米材料的精准合成等。

尽管 DNA 计算具有上述电子计算机无法比拟的优势，但在实际应用中仍然存在一些亟待解决的问题，主要有以下几个方面。

(1)DNA 序列编码的设计问题。在 DNA 计算中，对需要解决的问题，要将其信息转化为 DNA 序列编码才能进行计算，因此编码的设计成为 DNA 计算中的首要难点问题。主要有以下几点原因：首先，所要解决的问题规模越大，所需要的 DNA 链的数量就会越多，随着问题规模的扩大，所需 DNA 链的数量会呈指数型增长；其次，DNA 编码的质量会直接影响到分子的杂交效率，进而会使得计算模型无法实现，影响到 DNA 计算的可行性；再次，DNA 计算的序列设计实际上是一个很困难的 NP 问题，会受到多种条件的约束限制，如特异性杂交、杂交温度、自由能问题、相似性问题等。因此，编码问题是 DNA 计算运行的第一步，同时也是 DNA 计算取得进展的首要障碍。

(2)DNA 计算初始解空间指数爆炸问题。DNA 计算的优势是其具有强大的并行性，但是在解决组合优化中的 NP 完全问题时，传统的 DNA 计算模型面对指数级增长的解空间时却显得无能为力。一般来说，DNA 计算的开始都是先合成包含所有可能解的数据库，而随着问题规模的增大，初始数据库中的 DNA 链会出现指数爆炸现象，导致了在 DNA 合成与实验操作上的多种问题，且最终数量庞大的 DNA 链不能被全部容纳到一个反应体系中。因此，DNA 计算的另外一个亟待解决的关键就是解决初始解空间的指数爆炸问题。

(3)DNA 计算中的误差问题。DNA 计算中的 DNA 分子是生物体内的遗传物质，无论是 DNA 分子自身的性质，还是生物技术的不精确，都会影响 DNA 计算结果的精确性。从分子自身的性质来看，在生物体内，碱基的错配率为 $10^{-8}\sim$ 10^{-10}[80]。在生物实验中这个极低的错配率对结果基本没有影响。然而，当被用于 DNA 计算时，这个错配率似乎就不能被接受，若再通过 PCR 扩增后，错配产生的一个分子就可被放大至百万级数量的分子。因此，这种极低的错配率在计算中会导致结果的完全错误。其次，无处不在的 DNA 酶会降解 DNA 分子，这样，在计算中，如果操作不当，解也许会丢失，这也是产生误差的一个因素。此外，从生物技术来看，非特异性杂交是又一个导致误差的重要原因。由于所有的生化反应都需要在适当的反应条件下进行，如果反应条件(温度、离子浓度及 pH 值等)控制不当，会导致非特异性杂交及 DNA 链的自互补结构(如发卡结构)产生。而且，非特异性杂交的结果还会在 PCR 反应中被放大，致使计算结果不准确。在以后的研究中，改善编码并结合新的生物技术，非特异杂交现象或许会被消除，从而为提高计算结果的精确性提供前提条件。

(4) DNA 计算模型的通用性问题。目前，DNA 计算中设计的编码通常是针对某一特定问题具有专一性的，不能用于解决其他任何问题，甚至对于同一问题的不同规模都不具有通用性。例如，解决图着色问题和可满足性问题的 DNA 计算模型中使用的寡核苷酸序列是不相同的[15,20]。迄今为止，还没有构建出一个能解决各类问题的通用型 DNA 计算机模型，这也是 DNA 计算领域的一个研究热点。因此，通用性问题就成为推动 DNA 计算发展的难点问题之一。

(5) DNA 计算中的结果检测问题。检测问题是 DNA 计算研究中最困难的问题之一，也是一直困扰 DNA 计算快速发展的一个障碍。目前，构建的 DNA 计算模型中，通常是采用常规的生物检测方法，这些方法主要有电泳技术、PCR 扩增、层析技术、荧光检测方法、磁珠分离、DNA 传感技术、电子显微镜检测技术、分子信标方法以及测序技术等。在现有的研究中，大多计算模型是通过这些检测技术来寻找问题的解。因此，该问题的解决主要依赖于检测技术的发展，同时也可以通过改善编码来加以控制。另外，检测技术的发展有助于提高计算结果的精确性。随着生物技术的飞速发展，如自组装技术、单分子检测技术等，检测问题有望在不久的将来得到解决。

1.3　DNA 计算涉及的研究领域

DNA 计算是一个涉及计算机科学、生命科学、化学、数学及纳米材料等科学的交叉研究领域。近年来，由于 DNA 计算的快速发展以及其广泛的应用前景，许多不同领域的专家学者都投身到 DNA 计算领域的研究中来。迄今为止，DNA 计算研究已经涉及许多领域，并在很多方面都取得了巨大的进展[81-84]。其所涉及的领域主要集中在以下几个方面。

(1) 计算机科学领域。DNA 计算作为一种新型的计算机模型，为了解决传统计算机发展所将要面临的困境应运而生，和传统的电子计算机类似，DNA 计算必须有与之相关的形式语言及算法复杂度的研究[14,85]。研究人员通过构建 DNA 计算模型实现或简单或复杂的运算功能，其中很多都借鉴了传统计算机中的内容与思想，如运用 DNA 计算实现计算机中的逻辑运算、信息编码以及信息存储等。此外，DNA 序列编码[86-89]的研究是 DNA 计算得以运行的关键条件。好的编码能保证实验的顺利进行，提高计算结果的精确性。影响编码的因素有很多，如汉明距离、碱基间的错配率、退火温度等，这些都需要计算机进行大量的辅助仿真工作。因此，DNA 编码的研究就成为 DNA 计算研究中的热点问题之一。

(2) 理论模型研究领域。DNA 计算得以运行的基础是设计出合理、实用的理论模型。在理论模型的研究中，主要有两个方面：①针对不同问题，设计合理的DNA 计算模型，验证并分析理论模型在理论上和实际操作中的可行性；②针对所有问题，设计出通用的 DNA 计算模型，可以用于解决加法及乘法运算、组合优化中的 NP 完全问题以及密码破译等各种问题。因此，理论模型的研究是推动 DNA计算领域发展的必要条件。

(3) 生物技术领域。DNA 计算是在生物技术领域的基础上发展起来的，因此DNA 计算的实现最终要依靠生物技术的发展。DNA 计算中涉及的技术方法大多来源于生物技术领域，如生物分子人工合成、特异性标记、生物酶作用、DNA 与蛋白质特异性结合、检测技术以及实验器材等。目前，杂交错配率、酶切效率等问题都是 DNA 计算研究中的难点问题，克服这些问题必须依赖原有生物技术的改进或新的生物技术的产生。只有当这些难点问题被攻克，DNA 计算的可行性才具有强大的技术支持。

(4) 纳米材料和医学领域。近年来，纳米材料和医学领域的发展给 DNA 计算的研究提供了许多新的技术，如分子自组装、结合量子点或金颗粒的检测以及链置换技术等。这些技术推动了 DNA 计算的进一步发展。目前，DNA 自组装已被用于解决逻辑运算[90]、加法及乘法运算[48,66]、大数分解[68]等诸多问题；金颗粒被用于构建逻辑门及纳米机器[91-95]，而链置换技术被广泛地应用到 DNA 分子逻辑门的构建中[96,97]等。此外，用于疾病诊疗中的基因沉默技术也被用于解决 DNA计算中的困难问题[98]。简言之，纳米材料与医学领域的发展和 DNA 计算领域的发展是相互影响、相互促进的。

(5) 核酸分子结构领域。核酸分子是 DNA 计算中的数据，通过借助多种不同的分子结构，可以构建出不同的 DNA 计算模型，因此，核酸结构的研究和 DNA计算紧密相关。目前，在构建的分子计算模型中，多种分子结构，如线性 DNA[4]、质粒 DNA[26]、发卡状 DNA[6]、DNA 瓦片结构、DNA 阵列结构、DNA 折纸结构等都已经被用于求解各种问题的研究中。

1.4 本书的内容结构安排

本书主要着眼于多种 DNA 计算实验模型的构建，并通过大量生化实验验证模型的可行性。针对当前 DNA 计算模型中存在的多种问题与难点，提出合理的解决方案，同时用设计的新的实验模型进行了验证。本书主要对 DNA 计算中解空间的存储能力问题以及实验操作中试管输入的指数增长等难点进行了深入的研究工作，为 DNA 计算提供了理论依据及技术支持，同时也为建立通用型解决 NP 完全问题的 DNA 计算机奠定了基础。

本书建立了求解图着色问题的大规模 DNA 计算模型、求解最大团问题的线性分子、环形分子和自组装结构的计算模型，以及多种基于分子电路的 DNA 计算模型。本书的内容安排具体如下。

第 1 章绪论。首先综述了 DNA 计算的研究背景及意义，对相关概念进行了简要阐述，根据国内外的研究情况，分析了目前 DNA 计算的研究现状，并从实验模型和理论模型两方面介绍了几类不同的 DNA 计算模型。其次，从研究现状中分析了 DNA 计算的优势与难点问题，以及 DNA 计算涉及的研究领域。最后，给出了本书的组织情况。

第 2 章基础知识。介绍了用于计算的 DNA 分子的基本结构及性质，比较了质粒 DNA 分子与本书用到的环形 DNA 分子的结构。对 DNA 计算中用到的生物操作进行了简要的概述，尤其是对自组装技术与纳米颗粒的应用进行了综述，为本书的研究奠定了理论基础。

第 3 章图顶点着色计算模型。首先，简要介绍了图顶点着色问题。针对目前 DNA 计算中存在的问题，构建了一种并行型求解大规模的图顶点着色计算模型。其次，列出了模型的具体算法步骤，并给出了一个 61 个顶点的图的实例。最后，根据该算法，通过生物实验操作，对实例进行计算，最终找到了符合该图着色要求的全部方案，从而证明了该模型的可行性。

第 4 章最大团问题计算模型。本章对最大团问题进行了简要介绍，并给出两种 DNA 分子求解最大团问题的实验模型：环状 DNA 分子求解最大团问题的实验模型和基于 DNA 分子自组装技术的最大团计算模型。在环状 DNA 分子求解最大团问题的实验模型中，通过具体的实验操作，借助磁珠和环化酶，构建了一种人工合成的单链环形 DNA 分子，解决了一个 5 个顶点的最大团问题的实例。该模型在一定规模内缓解了 DNA 计算操作中所需试管数量呈指数增长的问题，极大地降低了计算所需的空间，使计算所需的空间随问题的规模呈线性增长。该环形 DNA 计算模型提高了 DNA 计算的存储和计算能力，为解决其他 NP 完全问题提供了有效的工具。为了进一步提高计算结果的准确性及检测的方便性，提出了一种改进的环形 DNA 计算模型，即基于 DNA 分子增长法的最大团计算模型，该模型通过逐步增长 DNA 分子的长度，应用反向 PCR 技术，求解了一个最大团问题的实例。根据算法的实验步骤，分析了该算法的时间和空间复杂度，从而预示了 DNA 计算解决 NP 完全问题的潜在能力。基于 DNA 分子自组装技术的最大团计算模型结合 DNA 自组装技术，构建了一种新型的求解最大团问题的计算模型，本章概述了计算中用到的自组装技术及形成的环环结构，并给出了一个实例进行求解。应用该模型，分析了算法步骤及实验的复杂度。该模型的提出加快了 DNA 计算可自动化操作的实现，为解决 NP 完全问题提供了新思路。

第 5 章基于分子电路的 DNA 计算。首先介绍了当前新型分子逻辑电路的基本构建，然后在此基础上介绍了三种基于分子电路的 DNA 计算模型，即基于纳米颗粒的逻辑电路、基于链置换的分子逻辑电路和基于自组装技术的分子逻辑电路。三种计算模型都进行了大量的生物实验验证，确保了模型理论与实验的双重可行性。

第 6 章总结与展望。对本书的内容做了简要的总结，并在此基础上，对 DNA 电路今后的研究发展方向以及应用方向做出预测与展望。

第 2 章　DNA 基础知识

2.1　DNA 分子结构

2.1.1　DNA 的发现历史

1868 年，年轻的瑞士化学家米歇尔在一条满是脓血的绷带找到了记录遗传信息的"无字天书"——核酸。说起来，核酸的发现极其偶然，那条为人类遗传学做出了不朽贡献的绷带是米歇尔从外科诊所的废物箱中捡来的。脓血主要是由白细胞和人体细胞组成，米歇尔用硫酸钠稀溶液冲洗绷带，使细胞保持完好并与脓液中的其他成分分开，得到了很多白细胞。然后，他用胃蛋白酶进行分解，结果发现细胞的大部分被分解了，但对细胞核不起作用。他再用稀碱处理细胞核，又得到了一种富含磷和氮的物质。这种未知物质被兴趣盎然的米歇尔定名为"核素"。不久，米歇尔的德国导师霍佩·赛勒用酵母做实验，也提取出了"核素"。证明米歇尔对细胞核内物质的发现是正确的。后来人们发现它呈酸性，因此改叫"核酸"。从此人们对核酸进行了一系列卓有成效的研究[99]。

1919 年，Levene 确定了 DNA 由含氮碱基、糖和磷酸盐组成的核苷酸结成。Levene 提出 DNA 由一条通过磷酸盐结合在一起的核苷酸组成。他确信 DNA 长链较短，且其中的碱基是以固定顺序重复排列[100]。

1928 年，英国科学家弗雷德里克·格里菲斯在实验中发现，平滑型的肺炎球菌，能转变成为粗糙型的同种细菌[101]。该系统在没有提供任何物质引起变化的证据的同时，表明某些物质可以将遗传信息从死亡细菌的遗体传递给生物。1943 年奥斯瓦尔德·埃弗里等的试验证明 DNA 是这一转变现象背后的原因[102]。

1944 年，Schrödinger 鉴于量子物理学少数原子的系统具有无序行为理论，断言遗传物质必须由大的非重复分子构成，方足以维持遗传信息的稳定[103]。

1952 年，Hershey 和 Chase 通过另一个经典实验证实了 DNA 在遗传中的作用，该实验表明噬菌体 T2 的遗传物质实际上是 DNA，而蛋白质则是由 DNA 的指令合成的[104]。

1953 年，美国的沃森和英国的克里克提出了著名的 DNA 双螺旋结构的分子模型[105]。

1958 年，马修·梅瑟生与富兰克林·史达在梅瑟生–史达实验中，确认了 DNA 的复制机制[106]。后来克里克团队的研究显示，遗传密码是由三个碱基以不重复的方式所组成，称为密码子。

1961 年，哈尔·葛宾·科拉纳、罗伯特·W·霍利及马歇尔·沃伦·尼伦伯格解出这些密码子所构成的遗传密码[107]。

2.1.2　DNA 的组成与碱基互补配对

DNA 是由重复的核苷酸单元组成的长聚合物，链宽 2.2～2.6nm，每个核苷酸单体长度为 0.33nm。尽管每个单体占据相当小的空间，但 DNA 聚合物的长度可以非常长，因为每个链可以有数百万个核苷酸。例如，最大的人类染色体(1 号染色体)含有近 2.5 亿个碱基对[108]。

碱基位于螺旋的内侧，它们以垂直于螺旋轴的取向通过糖苷键与主链糖基相连。同一平面的碱基在二条主链间形成碱基对。配对碱基总是 A 与 T 和 G 与 C。碱基对以氢键维系，A 与 T 间形成两个氢键，G 与 C 间形成三个氢键。DNA 结构中的碱基对与查加夫的发现正好相符。从立体化学的角度来看，只有嘌呤与嘧啶间配对才能满足螺旋对于碱基对空间的要求，而这二种碱基对的几何大小又十分相近，具备了形成氢键的适宜键长和键角条件。每对碱基处于各自的平面上，但螺旋周期内的各碱基对平面的取向均不同。碱基对具有二次旋转对称性特征，即碱基旋转 180° 并不影响双螺旋的对称性。也就是说，双螺旋结构在满足二条链碱基互补的前提下，DNA 一级结构的产生并不受限制。这一特征能很好地阐明 DNA 作为遗传信息载体在生物界的普遍意义。

生物体中的 DNA 几乎从不作为单链存在，而是作为一对彼此紧密相关的双链，交织在一起形成一个叫作双螺旋的结构。关于 DNA 的双螺旋结构，将在后面的章节中做更加详尽的叙述和介绍。每个核苷酸由可与相邻核苷酸共价键结合的侧链骨架和含氮碱基组成，两条链上的含氮碱基通过碱基互补以氢键相连。糖与含氮碱基形成核苷，核苷与一个或多个磷酸基团结合成为核苷酸。

DNA 骨架结构是由磷酸与糖类基团交互排列而成。组成脱氧核糖核酸的糖类分子为环状的 2-脱氧核糖，属于五碳糖的一种。磷酸基团上的两个氧原子分别接在五碳糖的 3 号及 5 号碳原子上，形成磷酸双酯键。这种两侧不对称的共价键位置，使每一条脱氧核糖核酸长链皆具方向性。双螺旋中的两股核苷酸互以相反方向排列，这种排列方式称为反平行。脱氧核糖核酸链上互不对称的两末端一边叫作 5′端，另一边则称 3′端。脱氧核糖核酸与 RNA 最主要的差异之一，在于组成糖分子的不同，DNA 为 2-脱氧核糖，RNA 则为核糖。

DNA 的双螺旋通过在两条链上存在的含氮碱基之间建立的氢键来稳定。组成 DNA 的四种碱基是腺嘌呤（A）、胞嘧啶（C）、鸟嘌呤（G）和胸腺嘧啶（T）。所有四种碱基都具有杂环结构，但结构上腺嘌呤和鸟嘌呤是嘌呤的衍生物，称为嘌呤碱基，而胞嘧啶和胸腺嘧啶与嘧啶有关，称为嘧啶碱基。

2.1.3　Watson-Crick 模型的发现

1951 年 11 月，沃森听了富兰克林关于 DNA 结构的较详细的报告后，深受启发，具有一定晶体结构分析知识的沃森和克里克认识到，要想很快建立 DNA 结构模型，只能利用别人的分析数据。他们很快就提出了一个三股螺旋的 DNA 结构的设想。1951 年底，他们请威尔金斯和富兰克林来讨论这个模型时，富兰克林指出他们把 DNA 的含水量少算了一半，于是第一次设立的模型宣告失败。

有一天，沃森又来到国王学院威尔金斯实验室，威尔金斯拿出一张富兰克林最近拍制的"B 型"DNA 的 X 射线衍射的照片。沃森一看照片，立刻兴奋起来、心跳也加快了，因为这种图像比以前得到的"A 型"简单得多，只要稍稍看一下"B 型"的 X 射线衍射照片，再经简单计算，就能确定 DNA 分子内多核苷酸链的数目了。

克里克请数学家帮助计算，结果表明嘌呤有吸引嘧啶的趋势。他们根据这一结果和从查加夫处得到的核酸的两个嘌呤和两个嘧啶两两相等的结果，形成了碱基配对的概念。

他们苦苦地思索 4 种碱基的排列顺序，一次又一次地在纸上画碱基结构式，摆弄模型，一次次地提出假设，又一次次地推翻自己的假设。

有一次，沃森又在按着自己的设想摆弄模型，他把碱基移来移去寻找各种配对的可能性。突然，他发现由两个氢键连接的腺嘌呤-胸腺嘧啶对竟然和由 3 个氢键连接的鸟嘌呤-胞嘧啶对有着相同的形状，于是精神为之大振。因为如果回答了嘌呤的数目为什么和嘧啶数目完全相同，那么这个谜就要被解开了。查加夫规律也就一下子成了 DNA 双螺旋结构的必然结果。因此，一条链如何作为模板合成另一条互补碱基顺序的链也就不难想象了。那么，两条链的骨架一定是方向相反的。

经过沃森和克里克紧张连续的工作，很快就完成了 DNA 金属模型的组装。从这模型中看到，DNA 由两条核苷酸链组成，它们沿着中心轴以相反方向相互缠绕在一起，很像一座螺旋形的楼梯，两侧扶手是两条多核苷酸链的糖-磷基因交替结合的骨架，而踏板就是碱基对。由于缺乏准确的 X 射线资料，他们还不敢断定模型是完全正确的。

富兰克林下一步的科学方法就是把根据这个模型预测出的衍射图与 X 射线的

实验数据做一番认真的比较。他们请来了威尔金斯。不到两天工夫，威尔金斯和富兰克林就用 X 射线数据分析证实了双螺旋结构模型是正确的，并写了两篇实验报告同时发表在英国 *Nature* 杂志上。

1953 年 4 月 25 日，英国的 *Nature* 杂志刊登了美国的沃森和英国的克里克在英国剑桥大学合作的研究成果：DNA 双螺旋结构的分子模型(图 2.1)，这一成果后来被誉为 20 世纪以来生物学方面最伟大的发现，标志着分子生物学的诞生。

1962 年，沃森、克里克和威尔金斯获得了诺贝尔医学和生理学奖，而富兰克林因患癌症于 1958 年病逝而未被授予该奖。

双螺旋模型的意义，不仅意味着探明了 DNA 分子的结构，更重要的是它还提示了 DNA 的复制机制：由于腺嘌呤(A)总是与胸腺嘧啶(T)配对、鸟嘌呤(G)总是与胞嘧啶(C)配对，这说明两条链的碱基顺序是彼此互补的，只要确定了其中一条链的碱基顺序，另一条链的碱基顺序也就确定了。因此，只需以其中的一条链为模版，即可合成复制出另一条链。克里克从一开始就坚持要求在发表的论文中加上"DNA 的特定配对原则，立即使人联想到遗传物质可能有的复制机制"这句话。他认为，如果没有这句话，将意味着他与沃森"缺乏洞察力，以致不能看出这一点来"。在发表 DNA 双螺旋结构论文后不久，*Nature* 杂志随后不久又发表了克里克的另一篇论文，阐明了 DNA 的半保留复制机制。

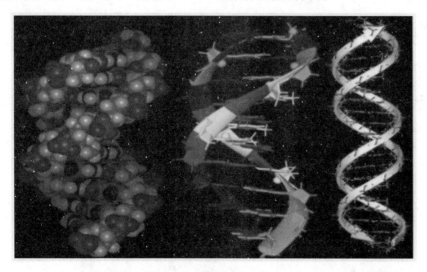

图 2.1　Watson-Crick 模型

2.1.4　不同的 DNA 双螺旋结构

主链(backbone)由脱氧核糖和磷酸基通过酯键交替连接而成。主链有两条，它们似"麻花状"绕一共同轴心以右手方向盘旋，相互平行而走向相反形成双螺旋构型。主链处于螺旋的外则，这正好解释了由糖和磷酸构成的主链的亲水性。DNA 外侧是脱氧核糖和磷酸交替连接而成的骨架。所谓双螺旋就是针对二条主链的形状而言的。两条核苷酸链沿着中心轴以相反方向相互缠绕在一起，很像一座螺旋形的楼梯，两侧扶手是两条多核苷酸链的糖-磷基因交替结合的骨架，而踏板就是碱基。DAN 双螺旋是右旋螺旋。不同磷酸盐基团之间的凹槽仍然暴露在外。大沟宽 2.2nm，而小沟宽 1.2nm。两个凹槽的不同宽度决定了蛋白质对不同碱基的可接触性，这取决于碱基是在主沟还是小沟中。DNA 中的蛋白质(如转录因子)通常与处在大沟中的碱基接触。

　　DNA 双螺旋存在 A-DNA、B-DNA、Z-DNA 三种形态，如图 2.2 所示，三种形态的主要特征如表 2.1 所示。A-DNA、B-DNA、Z-DNA 的主要区别如下。

　　①A-DNA 更紧密，每个碱基平面距离为 0.256nm，每圈螺旋有 11 对碱基，螺距为 2.8nm；B-DNA 碱基距离为 0.338nm，每圈螺旋有 10 对碱基，螺距为 3.4nm；

　　②C 和 G 之间核苷酸中脱氧核糖的折叠不同，A-DNA 是 $C3'$ 在内，B-DNA 是 $C2'$ 在内；

　　③B-DNA 大沟、小沟的深度基本是一致的，只是大沟较宽；A-DNA 大沟变窄、变深，小沟变宽、变浅；

　　④Z-DNA 糖-磷酸主链的走向呈"之"字形，分子呈左手螺旋构象；

　　⑤Z-DNA 较 B-DNA 细而舒展，螺旋直径为 1.8nm，每个碱基平面距离是 0.37nm，每圈含 12 对碱基，螺距为 4.5nm；

　　⑥Z-DNA 是 $C3'$ 在内与 A-DNA 相同；

　　⑦Z-DNA 仅有一条小沟，且较深，含有较高的负电荷密度。

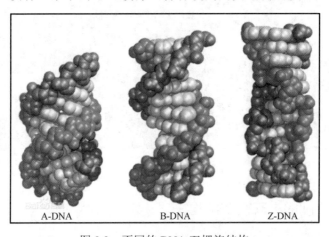

图 2.2　不同的 DNA 双螺旋结构

Z-DNA 的形成是 DNA 单链上出现嘌呤与嘧啶交替排列所成的,如 CGCGCGCG 或者 CACACACA。

表 2.1　三种 DNA 构型的比较

	旋向	螺距/nm	碱基数/每圈	螺旋直径/nm	骨架走向	存在条件
A 型	右手	2.53	11	2.55	平滑	体外脱水
B 型	右手	3.54	10.5	2.37	平滑	DNA 生理条件
Z 型	左手	4.56	12	1.84	锯齿形	CG 序列

2.2　实验手段部分

2.2.1　PCR 扩增技术

1. PCR 技术概述

聚合酶链式反应是一种用于放大扩增特定的 DNA 片段的分子生物学技术,它可看作是生物体外的特殊 DNA 复制,PCR 的最大特点是能将微量的 DNA 大幅增加。因此,无论是化石中的古生物、历史人物的残骸,还是几十年前凶杀案中凶手所遗留的毛发、皮肤或血液,只要能分离出一丁点的 DNA,就能用 PCR 加以放大,进行比对。这也是"微量证据"的威力之所在,是 DNA 技术的一大应用。PCR 技术是 DNA 科学中极为基础也是极为重要的一项。由 1983 年美国的 Mullis 首先提出设想,1985 年由其发明了聚合酶链反应,即简易 DNA 扩增法,意味着 PCR 技术的真正诞生。到 2013 年,PCR 已发展到第三代技术。1976 年,中国科学家钱嘉韵发现了稳定的 Taq DNA 聚合酶,为 PCR 技术发展做出了基础性贡献。

PCR 是利用 DNA 在体外 95℃ 高温时会变性成单链,低温(经常是 60℃ 左右)时引物与单链按碱基互补配对的原则结合,再调温度至 DNA 聚合酶最适反应温度 (72℃ 左右),DNA 聚合酶沿着磷酸到五碳糖(5'-3')的方向合成互补链。基于聚合酶制造的 PCR 仪(图 2.3)实际就是一个温控设备,能在变性温度、复性温度、延伸温度之间很好地进行控制[109]。

图 2.3　PCR 仪

2. PCR 技术的发现

Khorana(1971)等最早提出核酸体外扩增的设想:"经 DNA 变性,与合适的引物杂交,用 DNA 聚合酶延伸引物,并不断重复该过程便可合成 tRNA 基因。"

但由于当时基因序列分析方法尚未成熟,热稳定 DNA 聚合酶尚未报道以及引物合成的困难,这种想法似乎没有实际意义。加上分子克隆技术的出现提供了一种克隆和扩增基因的途径,所以 Khorana 的设想被人们遗忘了。

1983 年,Mullis 在 Cetus 公司工作期间,发明了 PCR。Mullis 要合成 DNA 引物来进行测序工作,却常为没有足够多的模板 DNA 而烦恼。1983 年 4 月的一个星期五晚上,他开车去乡下别墅的路上,猛然闪现出"多聚酶链式反应"的想法。1983 年 12 月,Mullis 用同位素标记法看到了 10 个循环后的 49bp 长度的第一个 PCR 片段;1985 年 10 月 25 日申请了 PCR 的专利,1987 年 7 月 28 日批准(专利号 4,683,202),Mullis 是第一发明人;1985 年 12 月 20 日 *Science* 上发表了第一篇 PCR 的学术论文,Mullis 是共同作者;1986 年 5 月,Mullis 在冷泉港实验室做专题报告,全世界从此开始学习 PCR 方法[109]。

3. PCR 技术原理

DNA 的半保留复制是生物进化和传代的重要途径。双链 DNA 在多种酶的作用下可以变性解旋成单链,在 DNA 聚合酶的参与下,根据碱基互补配对原则复制成同样的两分子拷贝。在实验中发现,DNA 在高温时也可以发生变性解链,当温度降低后又可以复性成为双链。因此,通过温度变化控制 DNA 的变性和复性,加入设计引物,DNA 聚合酶、脱氧核糖核苷三磷酸(deoxy ribonucleoside triphosphate,dNTP)就可以完成特定基因的体外复制。

但是,DNA 聚合酶在高温时会失活,因此,每次循环都得加入新的 DNA 聚合酶,不仅操作烦琐,而且价格昂贵,制约了 PCR 技术的应用和发展。

耐热 DNA 聚合酶——Taq 酶的发现对于 PCR 的应用具有里程碑的意义,该酶可以耐受 90℃以上的高温而不失活,不需要每次循环加酶,使 PCR 技术变得非常简捷,同时也大大降低了成本,PCR 技术得以大量应用,并逐步应用于临床。

PCR 技术的基本原理类似于 DNA 的天然复制过程,其特异性依赖于与靶序列两端互补的寡核苷酸引物。PCR(图 2.4)由变性-退火-延伸三个基本反应步骤构成。①模板 DNA 的变性:模板 DNA 经加热至 93℃左右一定时间后,使模板 DNA 双链或经 PCR 扩增形成的双链 DNA 解离,使之成为单链,以便它与引物结合,为下轮反应做准备;②模板 DNA 与引物的退火(复性):模板 DNA 经加热变性成单链后,温度降至 55℃左右,引物与模板 DNA 单链的互补序列配对结合;③引物的延伸:DNA 模板-引物结合物在 72℃、DNA 聚合酶(如 TaqDNA 聚合酶)的作用下，以 dNTP 为反应原料，靶序列为模板，按碱基互补配对与半保留复制原理，合成一条新的与模板 DNA 链互补的半保留复制链，循环重复变性-退火-延伸过程就可获得更多的"半保留复制链"，而且这种新链又可成为下次循环的模板。每完成一个循环需 2~4 分钟，2~3 小时就能将待扩目的基因扩增放大几百万倍[110]。

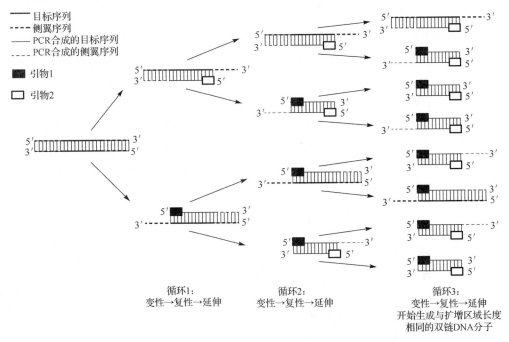

图 2.4　PCR 原理图解

4. PCR 反应体系

PCR 的一般反应体系如表 2.2 所示，反应中 dNTP、引物、模板 DNA、Taq DNA 聚合酶以及 Mg^{2+} 的加量(或浓度)可根据实验调整。

表 2.2　PCR 反应体系

10×扩增缓冲液	10μL
4 种 dNTP 混合物(终浓度)	各 100~250μmol/L
引物(终浓度)	各 5~20μmol/L
模板 DNA	0.1~2μg
Taq DNA 聚合酶	5~10U
Mg^{2+}(终浓度)	1~3mmol/L
H_2O	100μL

PCR 反应五要素为引物(PCR 引物为 DNA 片段,细胞内 DNA 复制的引物为一段 RNA 链)、酶、dNTP、模板和缓冲液(其中需要 Mg^{2+})。

引物有多种设计方法,由 PCR 在实验中的目的决定,但基本原则相同。PCR 所用的酶主要有两种来源:Taq 和 Pfu,分别来自两种不同的嗜热菌。其中,Taq 扩增效率高但易发生错配,Pfu 扩增效率弱但有纠错功能,所以实际使用时根据需要做不同的选择。

模板即扩增用的 DNA,可以是任何来源,但有两个原则,第一纯度必须较高,第二浓度不能太高以免抑制。

缓冲液的成分最为复杂,除水外一般包括四个有效成分:缓冲体系,一般使用 N-2-羟乙基哌嗪-N′-2-乙磺酸(HEPES)或 3-(N-吗啉代)丙烷磺酸(MOPS)缓冲体系;一价阳离子,一般采用钾离子,但在特殊情况下也可使用铵根离子;二价阳离子,即镁离子,根据反应体系确定,除特殊情况外不需调整;辅助成分,常见的有二甲基亚砜(dimethyl sulfoxide,DMSO)、甘油等,主要用来保持酶的活性和帮助 DNA 解除缠绕结构[110]。

2.2.2　聚丙烯酰胺凝胶电泳

1. 基本原理

聚丙烯酰胺凝胶电泳(polyacrylamide gel electrophoresis,PAGE)是以聚丙烯酰胺凝胶作为支持介质的一种常用电泳技术,用于分离蛋白质和寡核苷酸。聚丙烯酰胺凝胶由单体丙烯酰胺和甲叉双丙烯酰胺聚合而成,聚合过程由自由基催化完成。催化聚合的常用方法有两种:化学聚合法和光聚合法。化学聚合以过硫酸铵(ammonium persulphate,APS)为催化剂,以四甲基乙二胺(N,N,N′,N′-Tetramethylethylenediamine,TEMED)为加速剂。在聚合过程中,TEMED 催化过硫酸铵产生自由基,后者引发丙烯酰胺单体聚合,同时甲叉双丙烯酰胺与丙烯酰胺链间产生甲叉键交联,从而形成三维网状结构。

在蛋白质的非变性聚丙烯酰胺凝胶电泳中,蛋白质能够保持完整状态,并依据蛋白质的分子量大小、蛋白质的形状及其所附带的电荷量而逐渐呈梯度分开;在 DNA 的非变性聚丙烯酰胺凝胶电泳中,DNA 呈双链状态泳动,其迁移率会受碱基组成和序列的影响[111]。

PAGE 根据其有无浓缩效应,分为连续系统和不连续系统两大类,连续系统电泳体系中缓冲液 pH 值及凝胶浓度相同,带电颗粒在电场作用下,主要靠电荷和分子筛效应。不连续系统中由于缓冲液离子成分、pH、凝胶浓度及电位梯度的不连续性，带电颗粒在电场中泳动不仅有电荷效应、分子筛效应，还具有浓缩效应，因而其分离条带清晰度及分辨率均较前者更佳。不连续体系由电极缓冲液、浓缩胶及分离胶所组成。浓缩胶是由 AP 催化聚合而成的大孔胶，凝胶缓冲液为pH6.7 的 Tris-HCl。分离胶是由 AP 催化聚合而成的小孔胶，凝胶缓冲液为 pH8.9 的 Tris-HCl。电极缓冲液是 pH8.3 的 Tris-甘氨酸缓冲液。2 种孔径的凝胶、2 种缓冲体系、3 种 pH 值使不连续体系形成了凝胶孔径、pH 值、缓冲液离子成分的不连续性，这是样品浓缩的主要因素。

浓缩胶具有堆积作用，凝胶浓度较小，孔径较大，把较稀的样品加在浓缩胶上，经过大孔径凝胶的迁移作用而被浓缩至一个狭窄的区带。样品液和浓缩胶选择 Tris-HCl 缓冲液，电极液选择 Tris-甘氨酸缓冲液。电泳开始后，HCl 解离成氯离子，甘氨酸解离出少量的甘氨酸根离子。蛋白质带负电荷，因此一起向正极移动，其中氯离子最快，甘氨酸根离子最慢，蛋白居中。电泳开始时氯离子泳动率最大，超过蛋白，因此在后面形成低电导区，而电场强度与低电导区成反比，因而产生较高的电场强度，使蛋白和甘氨酸根离子迅速移动，形成稳定的界面，使蛋白聚集在移动界面附近，浓缩成一中间层。

此鉴定方法中，蛋白质的迁移率主要取决于它的相对分子质量，而与所带电荷和分子形状无关[111]。

2. 聚丙烯酰胺凝胶电泳实验过程

配制 30%丙烯酰胺：丙烯酰胺 29g、甲叉双丙烯酰胺 1g，加水至 100mL，4℃棕色瓶可保存。

配制 5×TBE(Tris-硼酸缓冲液)缓冲液：Tris 碱 54g、硼酸 27.5g、EDTA3.72g，加水至 1L。

从 NaOH 池中捞出浸泡的玻璃板，取出上面的残胶。

把玻璃板拿到流动水处洗刷干净。

洗干净的玻璃板置于玻璃板架上晾干。

用乙醇擦洗玻璃板。

带凹口的背板涂上硅化剂，面板则涂上黏合剂，防止电泳完毕发生撕胶和脱胶的可能(涂抹要均匀)。

面板在下，背板在上。两侧用塑料板密封，并用夹子夹好。底部调节使之水平。

将加催化剂后的凝胶沿凹口均匀倒下，插入适当的封条。勿使封条下留下气泡。用夹子夹紧封条部位。

室温聚合 30min，小心取出凹口处封条，用水冲洗加样孔（否则封条所残留的丙烯酰胺在加样孔聚合产生不规则表面，引起 DNA 带变形）。

将凝胶固定在电泳槽里。带凹口背板朝里，面向缓冲液槽。

用 0.5×TBE 灌满电泳槽的缓冲液槽，接上电极，打开电源。调试工作环境为电压 2000～2200V，电流 150～200mA，单板电泳功率为 80W。预热 30min 左右。

点样之前需切断电源，用枪将点样孔的气泡及胶吹出，然后插入点样梳，注意不要插得太深，否则点样胶面会变形，影响美观及点样。

枪吸加样品，PCR 产物先加上样缓冲液（loading buffer）10μL，再变性 5min 左右，接着在冰水中冷却 5min 以上方可点样，点样完毕，电泳开始。

电泳至所需位置后，切断电源，拔出导线，回收缓冲液，卸下玻璃板。在工作台上，将背板撬起，放回原处。将面板进行银染。PAGE 结果如图 2.5 所示。

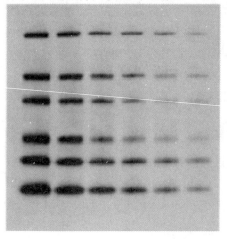

图 2.5　PAGE 结果

2.2.3　琼脂糖凝胶电泳

1. 琼脂糖凝胶电泳原理

琼脂糖凝胶电泳是用琼脂或琼脂糖作为支持介质的一种电泳方法。与上节中所提到的 PAGE 不同的是，它适用于分子量较大的样品，如大分子核酸、病毒等，一般可采用孔径较大的琼脂糖凝胶进行电泳分离。

其分析原理与其他支持物电泳最主要的区别是：它兼有"分子筛"和"电泳"的双重作用[112]。琼脂糖凝胶电泳的实验设备如图 2.6 所示。

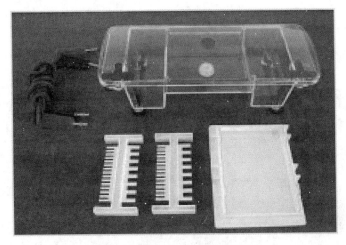

图 2.6　琼脂糖凝胶电泳实验设备

琼脂糖凝胶具有网络结构，物质分子通过时会受到阻力，大分子物质在涌动时受到的阻力大，因此在凝胶电泳中，带电颗粒的分离不仅取决于净电荷的性质和数量，还取决于分子大小，这就大大提高了分辨能力。但由于其孔径相比于蛋白质太大，对大多数蛋白质来说其分子筛效应微不足道，现广泛应用于核酸的研究中。

蛋白质和核酸会根据 pH 不同带有不同电荷，在电场中受力大小不同，因此两者跑的速度不同，根据这个原理可将其分开。电泳缓冲液的 pH 在 6~9 之间，离子强度 0.02~0.05 为最适。常用 1% 的琼脂糖作为电泳支持物。琼脂糖凝胶约可区分相差 100bp 的 DNA 片段，其分辨率虽比聚丙烯酰胺凝胶低，但它制备容易、分离范围广。普通琼脂糖凝胶分离 DNA 的范围为 0.2~20kb，利用脉冲电泳，可分离高达 10^7bp 的 DNA 片段。

DNA 分子在琼脂糖凝胶中泳动时有电荷效应和分子筛效应。DNA 分子在高于等电点的 pH 溶液中带负电荷，在电场中向正极移动。由于糖-磷酸骨架在结构上的重复性质，相同数量的双链 DNA 几乎具有等量的净电荷，因此它们能以同样的速率向正极方向移动[112]。

2. 操作流程

(1)准备干净的配胶板和电泳槽。

注意 DNA 酶污染的仪器可能会降解 DNA，造成条带信号弱、模糊甚至缺失的现象。

(2)电泳方法。

一般的核酸检测只需要琼脂糖凝胶电泳(图 2.7)就可以;如果需要分辨率高的

电泳,特别是只有几个 bp 的差别应该选择聚丙烯酰胺凝胶电泳;用普通电泳不合适的巨大 DNA 链应该使用脉冲凝胶电泳。注意巨大的 DNA 链用普通电泳可能跑不出胶孔导致缺带。

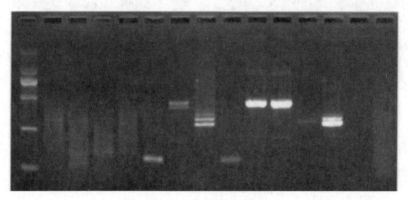

图 2.7　琼脂糖凝胶电泳

(3) 凝胶浓度。

对于琼脂糖凝胶电泳,浓度通常在 0.5%～2%之间,低浓度的用来进行大片段核酸的电泳,高浓度的用来进行小片段分析。低浓度胶易碎,解决的方法是小心操作和使用质量好的琼脂糖。高浓度的胶可能使分子大小相近的 DNA 带不易分辨,造成条带缺失现象。

(4) 缓冲液。

常用的缓冲液有 TAE 和 TBE,而 TBE 比 TAE 有着更好的缓冲能力。电泳时使用新制的缓冲液可以明显提高电泳效果。注意电泳缓冲液多次使用后,离子强度降低,pH 值上升,缓冲性能下降,可能使 DNA 电泳产生条带模糊和不规则的 DNA 带迁移的现象。

(5) 电压和温度。

电泳时电场强度不应该超过 20V/cm,电泳温度应该低于 30℃,对于巨大的 DNA 电泳,温度应该低于 15℃。注意如果电泳时电压和温度过高,可能导致出现条带模糊和不规则的 DNA 带迁移的现象。特别是电压太大可能导致小片段跑出胶而出现缺带现象。

(6) DNA 样品的纯度和状态。

注意样品中含盐量太高和含杂质蛋白均可以产生条带模糊和条带缺失的现象。乙醇沉淀可以去除多余的盐,用酚可以去除蛋白。注意变性的 DNA 样品可能导致条带模糊和缺失,也可能出现不规则的 DNA 条带迁移。在上样前不要对 DNA 样品加热,用 20mM NaCl 缓冲液稀释可以防止 DNA 变性。

(7) DNA 的上样。

正确的 DNA 上样量是条带清晰的保证。太多的 DNA 上样量可能导致 DNA 带型模糊，而太少的 DNA 上样量则导致带信号弱甚至缺失。

(8) 标记(marker)的选择。

DNA 电泳一定要使用 DNA marker 或已知大小的正对照 DNA 来估计 DNA 片段大小。标记应该选择在目标片段大小附近的梯度(ladder)较密的地方，这样对目标片段大小的估计才比较准确。需要注意的是标记的电泳同样也要符合 DNA 电泳的操作标准。如果选择 λDNA/HindIII 或者 λDNA/EcoRI 的酶切标记，需要预先在 65℃加热 5min，冰上冷却后使用。从而避免 HindIII 或 EcoRI 酶切造成的黏性接头导致片段连接不规则或条带信号弱等现象。

(9) 凝胶的染色和观察。

实验室常用的核酸染色剂是溴化乙锭(ethidium bromide，EB)，染色效果好，操作方便，但是稳定性差，具有毒性。注意观察凝胶时应根据染料不同使用合适的光源和激发波长，如果激发波长不对，条带则不易观察，出现条带模糊的现象[113]。

3. 琼脂糖凝胶的回收

DNA 片段的胶回收方法通常有电泳洗脱法、低熔点琼脂糖凝胶电泳挖块法、冻融回收法、玻璃奶回收法、柱回收法等。根据不同的实验条件，可以选择不同的回收方法。

在胶回收的过程中应注意，将电泳槽用 ddH$_2$O 反复清洗干净，倒入新鲜配制的灭菌电泳缓冲液；根据点样量制备合适厚度的琼脂糖凝胶板；切胶时尽可能切掉不含 DNA 片段的凝胶；要尽量减少 DNA 在紫外线下的照射时间以减少对 DNA 的损伤；熔胶要完全。

切胶时还要注意手臂不要有裸露皮肤，以防被紫外线直接照射，如果有条件的话还可以戴一副防护眼镜，减少对眼睛的伤害。

2.2.4　实时荧光定量 PCR

实时荧光定量 PCR(quantitative real-time PCR)是一种在 DNA 扩增反应中，以荧光化学物质测量每次聚合酶链式反应循环后产物总量的方法，是通过内参或者外参法对待测样品中的特定 DNA 序列进行定量分析的方法。

实时 PCR 是在 PCR 扩增过程中，通过荧光信号，对 PCR 进程进行实时检测。由于在 PCR 扩增的指数时期，模板的 Ct 值和该模板的起始拷贝数存在线性关系，所以成为定量的依据。图 2.8 为一套典型的实时荧光定量 PCR 仪器。

图 2.8 实时荧光定量 PCR 仪

实时荧光定量 PCR 所使用的荧光物质可分为两种：荧光探针和荧光染料。其原理可以简单叙述如下。

(1) TaqMan 荧光探针：PCR 扩增时在加入一对引物的同时加入一个特异性的荧光探针，该探针为一寡核苷酸，两端分别标记一个报告荧光基团和一个淬灭荧光基团。探针完整时，报告基团发射的荧光信号被淬灭基团吸收；PCR 扩增时，Taq 酶的 5′-3′外切酶活性将探针酶切降解,使报告荧光基团和淬灭荧光基团分离，从而荧光监测系统可接收到荧光信号，即每扩增一条 DNA 链，就有一个荧光分子形成，实现了荧光信号的累积与 PCR 产物形成完全同步。而新型 TaqMan-MGB 探针使该技术既可进行基因定量分析，又可分析基因突变(single nucleotide pdymorphism，SNP)，有望成为基因诊断和个体化用药分析的首选技术平台。

(2) SYBR 荧光染料：在 PCR 反应体系中，加入过量 SYBR 荧光染料，SYBR 荧光染料非特异性地掺入 DNA 双链后，发射荧光信号，而不掺入链中的 SYBR 染料分子不会发射任何荧光信号，从而保证荧光信号的增加与 PCR 产物的增加完全同步。SYBR 仅与双链 DNA 进行结合，因此可以通过溶解曲线确定 PCR 反应是否特异。

(3) 分子信标：是一种在 5 和 3 末端自身形成一个 8 个碱基左右的发夹结构的茎环双标记寡核苷酸探针，两端的核酸序列互补配对，导致荧光基团与淬灭基团紧紧靠近，不会产生荧光。PCR 产物生成后，退火过程中，分子信标中间部分与特定 DNA 序列配对，荧光基因与淬灭基因分离产生荧光。

实时荧光定量 PCR 的实验操作与普通 PCR 仪器操作类似，在此不再赘述。在获取实验数据后，可以应用相应软件进行导出，包括反应条件以及采集到的数据。得到原始实验数据后，可以进行进一步分析。这为定量分析提供了数据支持，使定性问题得以转换为定量问题[114]。

2.2.5　原子力显微镜

原子力显微镜(atomic force microscope, AFM)，它是继扫描隧道显微镜(scanning tunneling microscope)之后发明的一种具有原子级高分辨的新型仪器，可以在大气和液体环境下对各种材料和样品进行纳米区域的物理性质包括形貌的探测，或者直接进行纳米操纵，现已广泛应用于半导体、纳米功能材料、生物、化工、食品、医药研究和科研院所各种纳米相关学科的研究实验等领域中，成为纳米科学研究的基本工具。当前在科学研究和工业界广泛使用的扫描力显微镜(scanning force microscope)，其基础就是原子力显微镜[115]。图 2.9 展示了一套原子力显微镜仪器。

图 2.9　原子力显微镜

当原子间距离减小到一定程度以后，原子间的作用力将迅速上升。因此，由显微探针受力的大小就可以直接换算出样品表面的高度，从而获得样品表面形貌的信息。原子力显微镜通过检测待测样品表面和一个微型力敏感元件之间的极微弱的原子间相互作用力来研究物质的表面结构及性质。将一对微弱力极端敏感的微悬臂一端固定，另一端的微小针尖接近样品，这时它将与其相互作用，作用力将使得微悬臂发生形变或运动状态发生变化。扫描样品时，利用传感器检测这些变化，就可获得作用力分布信息，从而以纳米级分辨率获得表面形貌结构信息及表面粗糙度信息。如图 2.10 所示，二极管激光器(laser diode)发出的激光束经过光学系统聚焦在微悬臂(cantilever)背面，并从微悬臂背面反射到由光电二极管构成的光斑位置检测器(detector)。在样品扫描时，由于样品表面的原子与微悬臂探针尖端的原子间的相互作用力，微悬臂将随样品表面形貌而弯曲起伏，反射光束也将随之偏移，因而，通过光电二极管检测光斑位置的变化，就能获得被测样品表面形貌的信息。在系统检测成像全过程中，探针和被测样品间的距离始终保持在纳米 (10^{-9} 米) 量级，距离太大不能获得样品表面的信息，距离太小会损伤探针和被测样品，反馈回路 (feedback) 的作用就是在工作过程中，由探针得到探针-样品相互作用的强度，来改变加在样品扫描器垂直方向的电压，从而使样品伸缩，调节探针和被测样品间的距离，反过来控制探针-样品相互作用的强度，实现反馈控制。因此，反馈控制是本系统的核心工作机制。本系统采用数字反馈控制回路，用户在控制软件的参数工具栏通过以参考电流、积分增益和比例增益几个参数的设置来对该反馈回路的特性进行控制[116]。

图 2.10　激光检测原子力显微镜探针工作示意图

原子力显微镜的研究对象可以是有机固体、聚合物以及生物大分子等，样品的载体选择范围很大，包括云母片、玻璃片、石墨、抛光硅片、二氧化硅和某些生物膜等，其中最常用的是新剥离的云母片，主要原因是其非常平整且容易处理。而抛光硅片最好要用浓硫酸与 30%双氧水的 7∶3 混合液在 90℃下煮 1h。利用电性能测试时需要导电性能良好的载体，如石墨或镀有金属的基片。原子力显微镜观察到的图像如图 2.11 所示。

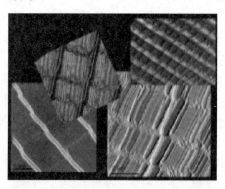

图 2.11　原子力显微镜观察到的图像

试样的厚度，包括试样台的厚度，最大为 10mm。如果试样过重，有时会影响扫描仪的动作，因此注意不要放过重的试样。试样的大小以不大于试样台的大小（直径 20mm）为大致的标准，稍微大一点也没问题，最大值约为 40mm。如果未固定好就进行测量可能产生移位[117]。

2.2.6　透射电子显微镜

1. 透射电子显微镜概述

透射电子显微镜（transmission electron microscope，TEM）可以看到在光学显微镜下无法看清的小于 0.2μm 的细微结构，这些结构称为亚显微结构或超微结构。要想看清这些结构，就必须选择波长更短的光源，以提高显微镜的分辨率。1932年 Ruska 发明了以电子束为光源的透射电子显微镜，电子束的波长要比可见光和紫外光短得多，并且电子束的波长与发射电子束的电压平方根成反比，也就是说电压越高波长越短，目前 TEM 的分辨力可达 0.2nm[118]。

电子显微镜与光学显微镜的成像原理基本一样，所不同的是前者用电子束作为光源、电磁场作为透镜。另外，由于电子束的穿透力很弱，因此用于电镜的标本需制成厚度约 50nm 左右的超薄切片。这种切片需要用超薄切片机（ultramicrotome）制作。电子显微镜的放大倍数最高可达近百万倍。它由照明系统、成像系统、真空系统、记录系统、电源系统 5 部分构成，如果细分的话：主体部分是电子透镜和显像记录系统，由置于真空中的电子枪、聚光镜、物样室、物镜、衍射镜、中间镜、投影镜、荧光屏和照相机组成。

电子显微镜是使用电子来展示物件的内部或表面的显微镜。高速电子的波长比可见光的波长短（波粒二象性），而显微镜的分辨率受其使用波长的限制，因此电子显微镜的理论分辨率（约 0.1nm）远高于光学显微镜的分辨率（约 200nm）。而透射电子显微镜把经加速和聚集的电子束投射到非常薄的样品上，电子与样品中的原子碰撞而改变方向，从而产生立体角散射。散射角的大小与样品的密度、厚度相关，因此可以形成明暗不同的影像，影像将在放大、聚焦后在成像器件（如荧光屏、胶片以及感光耦合组件）上显示出来[118]。

由于电子的德布罗意波长非常短，透射电子显微镜的分辨率比光学显微镜高很多，可以达到 0.1~0.2nm，放大倍数为几万~几百万倍，因此，使用透射电子显微镜可以用于观察样品的精细结构，甚至可以用于观察仅仅一列原子的结构，比光学显微镜所能够观察到的最小的结构小数万倍。TEM 在物理学和生物学相关的许多科学领域都是重要的分析方法，如癌症研究、病毒学、材料科学以及纳米技术、半导体研究等。

在放大倍数较低的时候，TEM 成像的对比度主要是由材料不同的厚度和成分对电子的吸收不同而造成的。而当放大率倍数较高的时候，复杂的波动作用会造成成像亮度的不同，因此需要专业知识来对所得到的像进行分析。通过使用 TEM 不同的模式，可以通过物质的化学特性、晶体方向、电子结构、样品内电子相移以及对电子的吸收对样品成像[119]。

第一台 TEM 由马克斯·克诺尔和恩斯特·鲁斯卡在 1931 年研制，这个研究组于 1933 年研制了第一台分辨率超过可见光的 TEM，这台开创性的电镜如图 2.12 所示。而第一台商用 TEM 于 1939 年研制成功。大型透射电镜（conventional TEM）一般采用 80～300kV 电子束加速电压，不同型号对应不同的电子束加速电压，其分辨率与电子束加速电压相关，可达 0.2～0.1nm，高端机型可实现原子级分辨。低压小型透射电镜（low-voltage electron microscope, LVEM）采用的电子束加速电压（5kV）远低于大型透射电镜。较低的加速电压会增强电子束与样品的作用强度，从而使图像的衬度、对比度提升，尤其适合高分子、生物等样品；同时，低压透射电镜对样品的损坏较小。冷冻电镜（cryo-microscopy）通常是在普通透射电镜上加装样品冷冻设备，将样品冷却到液氮温度（77K），用于观测蛋白、生物切片等对温度敏感的样品。通过对样品的冷冻，可以降低电子束对样品的损伤，减小样品的形变，从而得到更加真实的样品形貌。图 2.13 展示了在钢铁中原子尺度上晶格错位的 TEM 图像。

图 2.12　第一部透射电镜

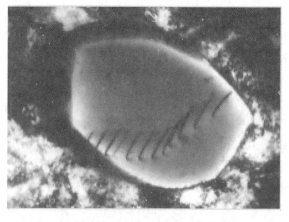

图 2.13　钢铁中原子尺度上晶格错位的 TEM 图像

2. 透射电镜通常的操作步骤

1) 样品要求

(1) 粉末样品的基本要求。

① 单颗粉末尺寸最好小于 1μm；

② 无磁性；

③ 以无机成分为主，否则会造成电镜的严重污染、高压跳掉，甚至击坏高压枪。

(2) 块状样品的基本要求。

① 需要电解减薄或离子减薄，获得几十纳米的薄区才能观察；

② 如晶粒尺寸小于 1μm，也可用破碎等机械方法制成粉末来观察；

③ 无磁性；

④ 块状样品制备复杂、耗时长、工序多，需要有经验的老师指导或制备；样品的制备好坏直接影响到后面电镜的观察和分析。

2) 粉末样品的制备

(1) 选择高质量的微栅网（直径 3mm），这是关系到能否拍摄出高质量高分辨电镜照片的第一步。

(2) 用镊子小心取出微栅网，将膜面朝上（在灯光下观察显示有光泽的面，即膜面），轻轻平放在白色滤纸上。

(3) 取适量的粉末和乙醇分别加入小烧杯，进行超声振荡 10～30min，过 3～5min 后，用玻璃毛细管吸取粉末和乙醇的均匀混合液，然后滴 2～3 滴该混合液体到微栅网上（如粉末是黑色，则当微栅网周围的白色滤纸表面变得微黑，此时便适中；滴得太多，则粉末分散不开，不利于观察，同时粉末掉入电镜的概率增大，严重影响电镜的使用寿命；滴得太少，则对电镜观察不利，难以找到实验所要求的粉末颗粒；建议由专业实验员制备）。

(4) 等 15min 以上，以便乙醇尽量挥发完毕；否则将样品装上样品台插入电镜，将影响电镜的真空。

3) 块状样品制备

(1) 电解减薄方法。

用于金属和合金试样的制备。① 块状样切成约 0.3mm 厚的均匀薄片；② 用金刚砂纸机械研磨到约 120～150μm 厚；③ 抛光研磨到约 100μm 厚；④ 冲成 ϕ3mm 的圆片；⑤ 选择合适的电解液和双喷电解仪的工作条件，将 ϕ3mm 的圆片中心减薄出小孔；⑥ 迅速取出减薄试样放入无水乙醇中漂洗干净。

需要注意的事项如下：

①电解减薄所用的电解液有很强的腐蚀性，需要注意人员安全及对设备的清洗；

②电解减薄完的试样需要轻取、轻拿、轻放和轻装，否则容易破碎，导致前功尽弃。

(2)离子减薄方法。

用于陶瓷、半导体以及多层膜截面等材料试样的制备。块状样制备：①块状样切成约 0.3mm 厚的均匀薄片；②均匀薄片用石蜡粘贴于超声波切割机样品座上的载玻片上；③用超声波切割机冲成 ϕ3mm 的圆片；④用金刚砂纸机械研磨到约 100μm 厚；⑤用磨坑仪在圆片中央部位磨成一个凹坑，凹坑深度为 50～70μm，凹坑的目的主要是为了减少后序离子为减薄过程时间，以提高最终减薄效率；⑥将洁净的、已凹坑的 ϕ3mm 圆片小心放入离子减薄仪中，根据试样材料的特性，选择合适的离子减薄参数进行减薄；通常，一般陶瓷样品离子减薄时间需 2～3 天；整个过程约 5 天。

需要注意的事项如下：

①凹坑过程试样需要精确的对中，先粗磨后细磨抛光，磨轮负载要适中，否则试样易破碎；

②凹坑完毕后，对凹坑仪的磨轮和转轴要清洗干净；

③凹坑完毕的试样需放在丙酮中浸泡、清洗和晾干；

④进行离子减薄的试样在装上样品台和从样品台取下这两个过程中，需要非常的小心和细致的动作，因为此时 ϕ3mm 薄片试样的中心已非常薄，用力不均或过大，容易导致试样破碎。

第3章　基于线性 DNA 分子图顶点着色计算模型

1961 年，Feynman 提出了分子计算的构想，33 年后，Adleman 实现了 Feynman 的构想，在 1994 年提出了以 DNA 分子作为"数据"，以生物酶或生物操作为"工具"来进行信息处理的 DNA 计算模型。从 1994 年至今，DNA 计算模型无论在理论、实验还是应用等方面，都取得了很大的进展。十多年的研究表明，目前阻碍 DNA 计算机发展的最大瓶颈是：在求解大规模的优化计算问题上，特别是一些困难的 NP（非确定性多项式）-完全问题上，随着问题规模的增大，所需要的 DNA 量呈指数增长。

图的顶点着色问题是指对图中的每个顶点分配一种颜色，使得相邻的顶点着不同的颜色。这是一个典型的 NP-完全问题，该问题在许多应用领域如排课表问题、寄存器分配问题等中都广泛存在，随着图的规模的扩大，计算量将会呈指数性增加，如何找到一个高效的算法就成为了解决有关问题的关键和突破点。1974 年，Johnson 展开了对图染色问题的近似算法的分析工作。之后，Blum 提出用 $O(n3/8log8/5n)$ 种颜色可以对具有 n 个顶点的 3-可着色图进行染色。Karger 等提出了一种随机多项式时间算法，利用该算法可以对 3-可着色图用 $\min\{O(\Delta1/3log1/2\Delta logn), O(n1/4log1/2n)\}$ 种颜色进行顶点染色。Schiermeyer 给出了一种复杂算法，利用该算法，可以在小于 $O(1.415n)$ 的时间内，给出 3-着色方案。之后，Beigel 和 Eppstein 改进了算法，建立了一种快速算法，使得可以在 $O(1.3278n)$ 时间内求解图的 3-着色问题。

图着色问题（graph coloring problem, GCP）又称着色问题，是著名的 NP-完全问题之一。利用 DNA 计算模型来解决此类问题是一种很好的方法。目前，关于求解图与优化组合中的 NP-完全问题的 DNA 计算模型层出不穷，但许多模型在求解大规模图时都遇到了很多的问题。

本章针对大规模的图顶点着色问题，提出了一种可靠的方法——基于线性 DNA 分子的并行性计算模型。与之前的方法不同的是，本模型采用了并行处理的思想。通过子图分解，求解了一个具有 61 个顶点图的着色问题。下文中我们给出了具体的算法步骤，并且以一个子图为例，详细描述了整个实验的过程。实验结果表明，大规模 DNA 计算模型不仅很好地处理了大规模的图顶点着色问题，甚至在图论以及计算机领域还有很强的应用价值。

本章的主要贡献有：①通过如下三种方法来克服解空间指数爆炸问题：子图

分解方法、减少顶点颜色集的方法以及通过子图顶点排序方法来促使构造尽可能多的探针方法；②设计了一种并行型聚合酶链反应(PCR)操作技术，应用这种技术一次可以对图中多条边进行非解删除，使得生物操作次数大大减少，极大地提高了运行速度，并给出了提高运行速度相应的数学模型。

3.1　图顶点着色问题概述

图顶点着色问题是一个经典的 NP-完全问题[120]。现实生活中的许多问题，如排序问题、时间表问题、储藏问题、交通状态、电路安排、可移动无线电计划表及任务的分配等都与图顶点着色问题有密切的联系。图的着色类型有边着色、顶点着色、全着色及关联着色等[121]。其中，图顶点着色是最基础的，其他着色类型均可等价的转化为图顶点着色。

本章以简单无向图为研究对象，用 $G(V,E)$ 表示，其中，V 表示图 G 的顶点集合，E 表示边集合。图顶点着色问题就是给图 $G(V,E)$ 的每一个顶点分配颜色，使任意两个有边相连的顶点的颜色不同。若图 G 的顶点可用 k 种颜色进行正常着色，则称该图为 k-可着色。本章主要针对 $k=3$ 的情况进行求解图着色问题。被用来着色的最少颜色数量成为 $G(V,E)$ 的颜色数，通常用 $\chi(G)$ 表示。

到目前为止，已经有很多有关图着色问题的算法被提出，如遗传算法[122,123]、神经网络算法[124,125]、模拟退火算法[126]以及蚂蚁系统算法[127,128]等，但这些算法在解决大规模的问题时都不是非常有效的算法。因此，研究这一问题，找到一种可以求解大规模的图着色问题的算法对数学领域、工程领域以及计算领域有着重要的意义。

3.2　模型设计及算法步骤

本节首先建立了能够用于求解大规模图顶点着色问题的线性 DNA 并行型计算模型，其次以一个 61 个顶点的图(图 3.1)为实例证明了该计算模型处理大规模的图顶点着色问题的可行性。这是目前 DNA 计算研究中较大的一个计算规模。

该 DNA 计算模型的基本算法的具体步骤由以下五步组成，其流程图如图 3.2 所示。

①子图分解。将一个给定的图按规定的规模划分成若干子图，并确定各个子图之间的桥点(桥点是度数尽可能大且可以连接两个子图的顶点)。

②合成各个子图代表顶点颜色集合的 DNA 编码与探针。

③子图求解。利用 PCR 扩增法，对各个子图进行并行性求解，获得所有可能的着色方案。

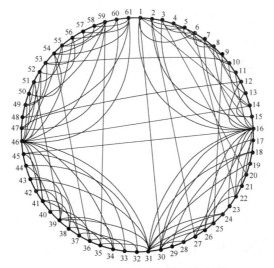

图 3.1　3-可着色的 61 个顶点的图

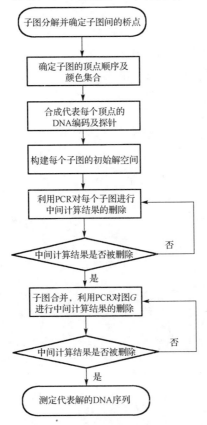

图 3.2　DNA 算法的流程图

④子图合并。按照相邻子图逐渐合并的原则，将子图相继合并，并利用子图求解的方法，逐级对合并后的新子图，求出所有可能的着色方案，直至合并至图 G，最终获得满足其正常顶点着色的解。

⑤测定代表解的 DNA 序列，并对图进行顶点着色。

3.3　实　验　验　证

3.3.1　子图分解

子图分解在整章计算模型中意义重大，通过子图分解，不仅可以有效地提高计算的并行性及速度，而且在构建初始解空间时，大多数中间计算结果可以被删除。为便于解释，设定 G_j，$V(G_j) \subset V(G)$，$E(G_j) \subset E(G)$（$j = 1,2,\cdots,m-1$）用来表示第 j 个子图及其顶点集与边界。

具体的分解步骤如下。

①确定子图的规模：根据每个子图的顶点数相近及子图中的边尽可能多的原则，将每个子图的顶点规模划分为 15～20 个。

②确定子图间的桥点：在子图的顶点中，为了要满足桥点的度数尽可能大，且可以连接两个子图的原则，选择符合要求的顶点作为桥点。若有多个顶点满足要求，则任选其中一个作为桥点。

根据以上步骤，将图 G 分解成 4 个子图（图 3.3），G_1：$V(G_1) = \{1,2,\cdots,16\}$，$G_2$：$V(G_1) = \{16,17,\cdots,31\}$，$G_3$：$V(G_3) = \{31,32,\cdots,46\}$ 和 G_4：$V(G_4) = \{46,47,\cdots,61\}$，桥点分别是顶点 1，16，31，45 和 61。

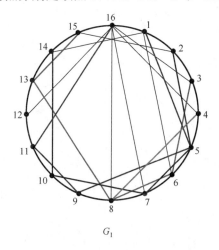
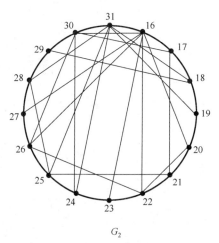

G_1　　　　　　　　　　　　　　　　G_2

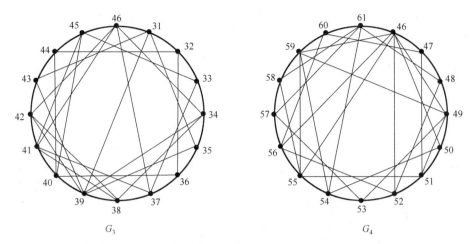

图 3.3　图 G 的 4 个子图。G_1 中的第一条路径为褐色，第二条路径为深蓝色，第三条路径为紫色，单边为橙色（见彩图）

3.3.2　合成各个子图代表顶点颜色集合的 DNA 编码与探针

（1）确定各个子图代表顶点颜色的集合。

首先，定义桥点的着色，在子图 G_1 中，设顶点 1 着红色（记为 r_1），顶点 16 着蓝色（记为 b_{16}）。其次，根据相邻顶点不能着同色的原则，确定 G_1 中其余顶点的颜色集合。例如，顶点 2，5 和 6 与顶点 1 相邻，那么它们不能着红色，只能着黄色或蓝色。根据以上的原则，就能确定 4 个子图的颜色集合，顶点 i 的颜色集用 $C(i)$ 表示。下面给出子图 G_1 的颜色集合（图 3.4）。

1	2	3	4	5	6	7	8	9	10	11	12	13	14	15	16
r_1		r_3	r_4			r_7	r_8	r_9	r_{10}	r_{11}	r_{12}	r_{13}		r_{15}	
	y_2	y_3	y_4	y_5	y_6	y_7	y_8	y_9	y_{10}	y_{11}	y_{12}	y_{13}	y_{14}	y_{15}	
	b_2			b_5	b_6			b_9	b_{10}			b_{13}	b_{14}		b_{16}

图 3.4　G_1 的颜色集合

（2）合成代表顶点颜色集合的 DNA 编码及探针。

在具体的实验中，用含有 20 个碱基的寡核苷酸序列代表每个顶点的颜色，不同的序列代表不同的颜色。利用计算机软件设计出 129 条 DNA 编码（表 3.1）。探针是由代表顶点 v_i 的 DNA 序列的后 10 个碱基与顶点 v_{i+1} 的 DNA 序列的前 10 个碱基组合后对其反向取补组成的，长度均为 20bp。在构建初始解空间时，每个代表顶点的 DNA 序列通过结合特定探针连接成包含所有可能解的 DNA 链，由于构建的是部分初始解空间，即不是把所有的组合都枚举出来，因此，根据正常着色原则，表示同色的 DNA 序列就不能组成探针，那么探针的合成是有选择性的。

例如，顶点 1 和 2 之间有边相连，那么 1 和 2 就不能着同色，探针的合成只能在 r_1 与 b_2、r_1 与 y_2 之间，而 r_1 与 r_2 之间就不能合成探针。为了方便，把 r_i 与 y_{i+1} 之间的探针记为 r_iy_{i+1}。在实验中，一共合成 185 条长度均为 20 个寡核苷酸序列的探针。

表 3.1　代表 61 个顶点所有颜色的 DNA 序列

x_i	DNA 序列	x_i	DNA 序列
r_1	5'-CTGGTCCTCTCCTCTAATCC-3	y_2	5'-AAGAGAGAACCGAACTGTCC-3'
b_2	5'-ACTTGAGCACTGACCTGACA-3'	r_3	5'-AAGAGGCTACGGACACTACT-3'
y_3	5'-AAGGATGAACCATCGCACAG-3'	r_4	5'-TAGGTGCTACAGATTCGTCC-3'
y_4	5'-AAGTCTGAACGCCTACTCAC-3'	y_5	5'-CAGAACACAGGTATGCGATT-3'
b_5	5'-AAGACCACACCACAGCATTC-3'	y_6	5'-CGTGATTGTTGGACTATTGG-3'
b_6	5'-CCTTGTAGACCCAGATGTTC-3'	r_7	5'-CGTTGCTCTGAATAGTTGCC-3'
y_7	5'-AATACGCACTCATCACATCG-3'	r_8	5'-GACCTTACCGTTTAGAGTCG-3'
y_8	5'-AATACATCAGAGCGGAGACC-3'	r_9	5'-ATGGTGGAAATCTACTCGCC-3'
y_9	5'-AAGGCTACAAACTCACCGAC-3'	b_9	5'-ATGAGGTTTGTTAGCCAGTC-3'
r_{10}	5'-ACAGAAAGAAACTCGCTTCG-3'	y_{10}	5'-GAAGATGAACCAGCCTAACC-3'
b_{10}	5'-AAGTGAACAGTGTGACCACC-3'	r_{11}	5'-TCACATTAGTGTCACAGCGG-3'
y_{11}	5'-CAGAGACAAGACGAACCTGT-3'	r_{12}	5'-TAGAAGAAGCAACCGTCTGT-3'
y_{12}	5'-AACTTGTTCCACACACCCTC-3'	r_{13}	5'-GCTTATGTATCCTGGCACTG-3'
y_{13}	5'-ATGAGTTACAAGCACCACGC-3'	b_{13}	5'-TACAGGGTCTTCAGAACGAT-3'
y_{14}	5'-ATGTCTCGTCAGGATGTCGT-3'	b_{14}	5'-TTCCCTACTACCTTCCCAAG-3'
r_{15}	5'-ATGCCTCAACAACTCCTGCT-3'	y_{15}	5'-ATGGTATGAAGCCTGACTCG-3'
b_{16}	5'-GGATTGTATTGGCGATGATG-3'	r_{17}	5'-TACATTCAAGGACGACAGGT-3'
y_{17}	5'-CAAAGTGTAGGCAGGGTAAC-3'	y_{18}	5'-AAGCGGTAGACACGATTCAC-3'
b_{18}	5'-TAGAGTCCACCGAAGATAGC-3'	y_{19}	5'-ACTGCTAATGACTCGTTCCG-3'
b_{19}	5'-AGTATCTGTCCTGTCTCACC-3'	r_{20}	5'-GTGGTCGTAGATGTCACTCC-3'
y_{20}	5'-AACTAACGACCAGAGCCGAT-3'	r_{21}	5'-TAGTCATAAGTGACCTCGGC-3'
y_{21}	5'-ATCTCCATCCAACCATCCAG-3'	b_{21}	5'-AATCAACTGGTCACGACTGC-3'
r_{22}	5'-GTTATGAGTCGCAGCACACG-3'	y_{22}	5'-TAGTGCGGAACCTATCTTGC-3'
r_{23}	5'-AAGTGGAGACACTCACTACC-3'	y_{23}	5'-AAGTATCAGACAGCCATCCG-3'
y_{24}	5'-AAGTTGAAGGCTTACGAGAC-3'	b_{24}	5'-ATGTCAACGATACCGTCACC-3'
y_{25}	5'-ATGTGTATGTTGCGACAAGC-3'	b_{25}	5'-GATTATCGTCCAGCCTTCTC-3'
r_{26}	5'-CCTCCGTAGTTATTGATGCC-3'	y_{26}	5'-GTTACGGTTGACTCTGCTGA-3'
r_{27}	5'-CACTTCTACCCTCAACCTCA-3'	y_{27}	5'-TAGTAGAAAGCCGACCACTC-3'
y_{28}	5'-CGTGGAAGTCACTAAGGTCT-3'	b_{28}	5'-ATTCTTCACAGAGGTGCTGG-3'
r_{29}	5'-TAAGTGAGAATGCCAGTTGC-3'	y_{29}	5'-CGAGATGTTGTAAAGGCTGC-3'
b_{29}	5'-GGTATGTAACAAGACGCACG-3'	y_{30}	5'-GGTCATTATGGGCATAGTGG-3'
b_{30}	5'-AACATTTACTCGTCGTTCGC-3'	r_{31}	5'-GCTCAGGAGTGTTTATGACC-3'

x_i	DNA 序列	x_i	DNA 序列
y_{32}	5'-TAGTCCATCGGCAAGGTTCT-3'	b_{32}	5'-AACACCACAGAGCATTCACG-3'
r_{33}	5'-AAGTGCTGAAACCGTGGAGT-3'	y_{33}	5'-TACTGAGAACGCTCGCTCTT-3'
b_{33}	5'-ATGTGATAATGCCGTTCCTG-3'	r_{34}	5'-GATGTTGCCATAACTGCCTG-3'
y_{34}	5'-CTACTTATTCGTCAGCGTCG-3'	y_{35}	5'-GATGATTACACTCGCACAGG-3'
b_{35}	5'-GAACATAATGGACCGACCTC-3'	r_{36}	5'-ATCTGTGCTATCTCGTGCTC-3'
y_{36}	5'-AACTTACCATTGGCTTCTGC-3'	b_{36}	5'-GATAAACGAGTTCGCATAGC-3'
r_{37}	5'-GCAGTAGACGATACGACTCC-3'	y_{37}	5'-CGAAGAAGATTACCCAGAGG-3'
r_{38}	5'-AAGCACTCAACAGTACGAGC-3'	y_{38}	5'-GGTGATGGTTGAAAGTCTCC-3'
b_{38}	5'-TAGAGATTGGACGGAAGACG-3'	y_{39}	5'-TAGGTATAGGTCGTTGAGCC-3'
b_{39}	5'-CAAGTCACAATCGTAGGTGC-3'	r_{40}	5'-GCTAACAGTGGTCAGACACG-3'
y_{40}	5'-AATACCACCTGACTGCGTAG-3'	b_{40}	5'-AATACACTATCCAGCGACGG-3'
r_{41}	5'-GGTGTAAGCCTCCGTATTAG-3'	y_{41}	5'-GGAACCTACTCTGGATGAAG-3'
r_{42}	5'-GGTAACGATCCTGATAACGC-3'	y_{42}	5'-GCTGTCCAACCAGGTCTTAC-3'
y_{43}	5'-CCTACACATCAATCAGCACC-3'	b_{43}	5'-CCTTACAAATCGCCTATGGT-3'
r_{44}	5'-CCAAACTTGCTTACTTCAGG-3'	y_{44}	5'-CAAAGAGTTAGTCGGGTCTG-3'
b_{44}	5'-CTTCTATGTTTAGCCCGAGG-3'	r_{45}	5'-GCAGGACAAGGCTCATAGTT-3'
y_{45}	5'-GTGACGCCATCATTTGAGAT-3'	b_{46}	5'-CTATCAGAAACCCGTCAGAG-3'
r_{47}	5'-GCTGACTTCACGGATTTGGA-3'	y_{47}	5'-CGAAGGACTTAGTAACGAGG-3'
r_{48}	5'-CCTATGCCTAAATGGTGTCG-3'	b_{48}	5'-CCTGTCCGATAGAATAGTGC-3'
r_{49}	5'-AGTTGCGTCCACGAAAGTAG-3'	y_{49}	5'-GCACTCCCAATGTGTTATGA-3'
r_{50}	5'-AGGCTCCATCTTGAGAACTG-3'	y_{50}	5'-GCTGGCGACTACTATTTACG-3'
r_{51}	5'-GCTCTCCCTTATGGAATGAT-3'	y_{51}	5'-CACTAAACAACGCAGGGTTC-3'
b_{51}	5'-CAGCAACCACATCGGTGATA-3'	r_{52}	5'-GACCTCCTGAAAGAGTACGA-3'
y_{52}	5'-GTCACCTGCTAGGAGGATTC-3'	r_{53}	5'-GAGTCGTCGGAGATAAGGTT-3'
y_{53}	5'-GAATACCGTGCTACCGAGT-3'	b_{53}	5'-GGATAGCGATTGACTGAACG-3'
r_{54}	5'-CTGAGTCCTTTGAGTAAGCC-3'	b_{54}	5'-CAGΛTAGACTCCGCTGAGGT-3'
r_{55}	5'-GAGTTCCATTGTGGCAGAAG-3'	y_{55}	5'-GCATTTCACAGTCTTCTCGC-3'
r_{56}	5'-GATTACTCCACCCTCGTGTA-3'	y_{56}	5'-CAGTTACATTGAGCGGAAGC-3'
r_{57}	5'-CAAGTATGGCTCACATTCGT-3'	b_{57}	5'-CAAACAGGCGTCTCTTTATG-3'
r_{58}	5'-CAAGCAGCACGATGACTCTA-3'	b_{58}	5'-GACTTGCTCTGCGTGAGATT-3'
r_{59}	5'-GACATTGCTGAATCAGTGGT-3'	y_{59}	5'-GCTACTGCTAAGGGTAATGC-3'
r_{60}	5'-GCACTGTATGACAGGTCACG-3'	b_{60}	5'-CGTTAGGACCTGGGATAATC-3'
y_{61}	5'-GATTACTCCACCCTCGTGTA-3'		

3.3.3　子图求解

　　为了对每个子图进行并行性求解，进而获得所有可能的着色方案，就要利用 PCR 扩增法，具体的步骤可由以下三步构成。

步骤 1：构建初始解空间，并检测其完备性；

步骤 2：利用 PCR 反应，对子图中的路、圈和单边进行删除中间计算结果的操作；

步骤 3：利用琼脂糖凝胶电泳分离纯化各个子图的解。

4 个子图的求解方法相同，分别由 4 个研究人员同时进行并行求解操作。下面以第一子图为例，详细介绍子图求解过程。

1）初始解空间的生成与检测

首先进行磷酸化反应，用 T4 多核苷酸激酶，将代表不同顶点所有颜色的 33 条寡聚核苷酸实施 5′端磷酸化反应。反应条件为 37℃温育 1h。

具体反应体系如下：

33 条寡核苷酸序列（200pmol/μL）各 0.5μL，共 16.5μL；

10×T4 多核苷酸激酶缓冲液 3μL；

10mM ATPNa^{2+}共 6μL；

T4 多核苷酸激酶 3μL；

无菌纯水 1.5μL；

总体积 30μL。

其次进行退火反应。将磷酸化产物与所有可能的探针在 10×T4 多核苷酸激酶 (T4 polynueleotide kinase, T4 PNK)，缓冲液中进行退火反应，在退火仪中 94℃，5min，50℃，10min 反应后，将试管移至 50℃水浴中，缓慢降至室温。然后，进行连接反应。使用 T4 DNA 连接酶对退火产物在 16℃过夜的条件下进行连接反应。然后，PCR 扩增。以 $<r_1, \overline{b_{16}}>$ 为引物、连接产物为模板，进行 PCR 扩增。反应条件是：94℃，5min，94℃，30s，54℃，30s，72℃，45s，共 35 个循环；72℃，10min。扩增产物经 4%的琼脂糖凝胶进行电泳后，回收大小为 320bp 的 DNA 片断（图 3.5(a)），这些 DNA 序列的集合即为第一子图的初始解空间，由于不是把所有的组合都枚举出来，因此这种数据库称为部分初始解空间。

随后，通过 PCR 检测合成好的初始数据库。分别以 $<r_1, \overline{x_i}>$（$x = \{r, b, y\}$，$i = 2, 3, \cdots, 16$）为引物对，以初始数据库中的 DNA 序列作为模板，进行 PCR 扩增，进而检测初始解空间的完备性。扩增结果经 4%的琼脂糖凝胶进行电泳，具体结果如图 3.5(b) 和图 3.5(c) 所示。实验结果表明，所有引物对均扩增出相应的产物，因此构建的初始解空间是完备的。

图 3.5 中 M 为 ϕ174-Hae Ⅲ digest DNA marker，M1 和 M2 分别是 20bp 和 50bp DNA marker。图 3.5(a) 为构建的初始数据库中的 DNA 序列的电泳图。图 3.5(b) 和图 3.5(c) 为数据库检测的电泳图。图 3.5(b) 中的泳道 1～17 依次对应相应的引物对为 $<r_1, \overline{x_i}>$，其中，$x = \{r, b, y\}$，$i = 2, 3, \cdots, 9$。图 3.5(c) 中的泳道 1～15 依次对应

的引物对为 $<r_1, \overline{x_i}>$，其中，$x=\{r,b,y\}$，$i=10,11,\cdots,16$。

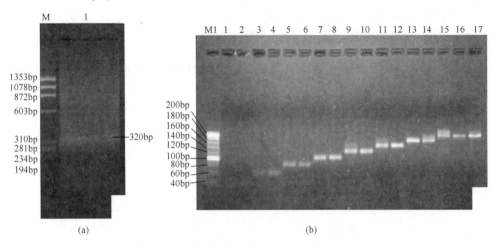

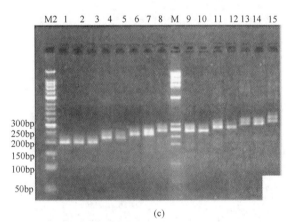

图 3.5　初始数据库的构建及检测

2）中间计算结果的删除

根据图的相邻矩阵，以代表不同顶点不同颜色的寡聚核苷酸为引物进行 PCR，从而删除中间计算结果。对子图中的圈或者路径型（一些不重复的边组成的一条路或一个圈）引起的中间计算结果采用了半巢式 PCR 并行删除技术。这是本章中一个关键的创新点，该方法使过去一条一条边串行删除法变成了一组多条边并行删除法，从而极大减少了 PCR 操作次数。为保证获得 320bp 的全长，每条路径都是从顶点 1 出发，到顶点 16 结束。对于已确定顶点颜色的单边采取反向检测，确定问题的解。子图 G_1 中共有 3 个路径及 1 个单边，为说明具体操作步骤，以第一条路径为例详述其过程,其他路径的实验结果如下。

(1)第一条路径:顶点 1-5-9-11-16。

利用半巢式 PCR 删除第一条路径(图 3.3)产生的错误中间计算结果,保留正确的计算结果,具体流程如图 3.6 所示。

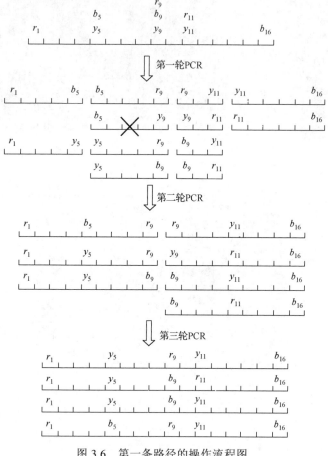

图 3.6　第一条路径的操作流程图

首先,用初始解空间中DNA链稀释50倍作为模板,分别以$<r_1,\overline{y_5}>$、$<r_1,\overline{b_5}>$、$<y_5,\overline{r_9}>$、$<y_5,\overline{b_9}>$、$<b_5,\overline{r_9}>$、$<b_5,\overline{y_9}>$、$<r_9,\overline{y_{11}}>$、$<y_9,\overline{r_{11}}>$、$<b_9,\overline{r_{11}}>$、$<b_9,\overline{y_{11}}>$、$<r_{11},\overline{b_{16}}>$ 及$<y_{11},\overline{b_{16}}>$为引物对,进行 PCR 扩增。其结果通过凝胶电泳后回收获得几段大小不同的片断:100bp(R_1-Y_5、R_1-B_5、Y_5-R_9、Y_5-B_9、B_5-R_9)(图 3.7(a))、60bp(R_9-Y_{11}、Y_9-R_{11}、B_9-R_{11}、B_9-Y_{11})以及120bp($R_{11}-B_{16}$、$Y_{11}-B_{16}$)(图 3.7(b))。在图 3.7(a)中,泳道 11、12 对应的引物对为$<b_5,\overline{y_9}>$没有

扩增出产物，这是由于在初始数据库的构建时，这条 DNA 链已经被删除，因此 b_5 与 $\overline{y_9}$ 和相关的 DNA 片段，将不再参与下一次 PCR，从而删去部分错误的中间计算结果。同理，在后续其他路经中，也有相同的情况出现。

其次，进行第二次 PCR(结果见图 3.7(c)和图 3.7(d))。分别以 $< r_1, \overline{r_9} >$ 为引物，用 $R_1 - Y_5$ 和 $Y_5 - R_9$ 混合物作为模板，扩增得到 $R_1 - Y_5 - R_9$ (180bp)；以 $< r_1, \overline{r_9} >$ 为引物，用 $R_1 - B_5$ 和 $B_5 - R_9$ 混合物作为模板，扩增得到 $R_1 - B_5 - R_9$ (160bp)；以 $< r_1, \overline{r_9} >$ 为引物，用 $R_1 - B_5$ 和 $B_5 - R_9$ 混合物作为模板，扩增得到 $R_1 - Y_5 - B_9$ (180bp)；以 $< r_9, \overline{b_{16}} >$ 为引物，用 $R_9 - Y_{11}$ 和 $Y_{11} - B_{16}$ 混合物作为模板，扩增得到 $R_9 - Y_{11} - B_{16}$ (180bp)；以 $< b_9, \overline{b_{16}} >$ 为引物，用 $B_9 - R_{11}$ 和 $R_{11} - B_{16}$ 混合物作为模板，扩增得到 $B_9 - R_{11} - B_{16}$ (160bp)；以 $< b_9, \overline{b_{16}} >$ 为引物，用 $B_9 - Y_{11}$ 和 $Y_{11} - B_{16}$ 混合物作为模板，扩增得到 $B_9 - Y_{11} - B_{16}$ (160bp)。

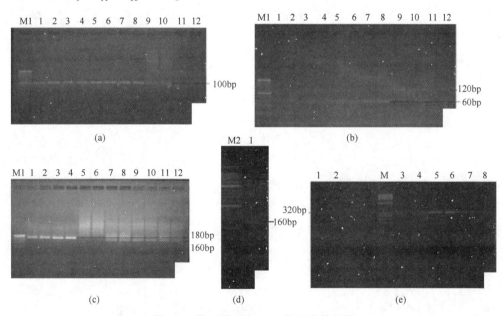

图 3.7　第一圈三次 PCR 的电泳结果图

图 3.7(a) 为第一圈第一次 PCR 反应结果。其中，M1 代表 DNA marker 20bp ladder，泳道 1 与 2，3 与 4，5 与 6，7 与 8，9 与 10，11 与 12 的产物分别以 $< r_1, \overline{y_5} >$、$< r_1, \overline{b_5} >$、$< y_5, \overline{r_9} >$、$< y_5, \overline{b_9} >$、$< b_5, \overline{r_9} >$、$< b_5, \overline{y_9} >$ 为引物对。图 3.7(b) 为泳道 1 与 2，3 与 4，5 与 6，7 与 8，9 与 10，11 与 12 的 PCR 产物，分别以 $< r_9, \overline{y_{11}} >$、$< y_9, \overline{r_{11}} >$、$< b_9, \overline{r_{11}} >$、$< b_9, \overline{y_{11}} >$、$< r_{11}, \overline{b_{16}} >$ 及 $< y_{11}, \overline{b_{16}} >$ 为引物对。图 3.7(c) 为

第一圈第一次 PCR 反应结果。1、2 泳道所示的 PCR 产物的模板为图 3.7(a) 中泳道 1 和 5 的 PCR 产物的混合物，引物对为 $<r_1,\overline{r_9}>$；3、4 泳道所示的 PCR 产物的模板为图 3.7(a) 中泳道 1 和 7 的 PCR 产物的混合物，引物对为 $<r_1,\overline{b_9}>$；泳道 7、8 的 PCR 产物的模板为图 3.7(b) 中泳道 1 和 12 的 PCR 产物的混合物，引物对是 $<r_9,\overline{b_{16}}>$；泳道 9、10 泳道的 PCR 产物的模板为图 3.7(b) 中泳道 5 和 9 的 PCR 产物的混合物，引物对是 $<b_9,\overline{b_{16}}>$；泳道 11、12 的 PCR 产物的模板为图 3.7(b) 中泳道 8 和 11 的 PCR 产物的混合物，引物对也是 $<b_9,\overline{b_{16}}>$。图 3.7(d) 为第一圈第二次 PCR 反应结果。M2 为 DNA marker 50bp ladder，泳道 1 所示的 PCR 产物的模板为图 3.7(a) 中泳道 3 和 9 的混合物，引物对为 $<r_1,\overline{r_9}>$。图 3.7(e) 为第一圈第三次 PCR 反应结果。M 即为 ϕ174-Hae Ⅲ digest DNA marker。泳道 1，2，3，4，5，6，7，8 所用的引物对均为 $<r_1,\overline{b_{16}}>$，不同的是泳道 1、2 产物的模板是图 3.7(c) 中泳道 1 和 7 所示的 PCR 产物的混合物，泳道 3、4 是图 3.7(c) 中泳道 3 和 9 的产物的混合物，泳道 5、6 对应于图 3.7(c) 中泳道 3 和 11 的 PCR 产物的混合物，而泳道 7、8 则对应于图 3.7(d) 中泳道 1 和图 3.7(c) 中泳道 7 的 PCR 产物的混合物。

最后，进行该圈第三次 PCR 操作(图 3.7(e))。所有反应均以 $<r_1,\overline{b_{16}}>$ 为引物，分别用 $R_1-Y_5-R_9$ 和 $R_9-Y_{11}-B_{16}$ 的混合物为扩增模板得到产物 $R_1-Y_5-R_9-Y_{11}-B_{16}$；用 $R_1-Y_5-B_9$ 和 $B_9-R_{11}-B_{16}$ 的混合物为扩增模板得到产物 $R_1-Y_5-B_9-R_{11}-B_{16}$；用 $R_1-Y_5-B_9$ 和 $B_9-Y_{11}-B_{16}$ 的混合物作为扩增模板得到产物 $R_1-Y_5-B_9-Y_{11}-B_{16}$；用 $R_1-B_5-R_9$ 和 $R_9-Y_{11}-B_{16}$ 的混合物为扩增模板得到产物 $R_1-B_5-R_9-Y_{11}-B_{16}$。

至此第一条路径的 PCR 反应全部完成，得到四个新的全长为 320bp 的 DNA 序列的集合，且这些 DNA 序列中代表顶点 5、9 和 11 这三个点的序列已经确定，也就是说这三个顶点的着色方案已经确定。第一个集合代表了 $R_1Y_5R_9Y_{11}B_{16}$（命名为 1131）着色方案的集合，第二个集合代表了 $R_1Y_5B_9R_{11}B_{16}$（1132）着色方案的集合，第三个集合代表了 $R_1Y_5B_9Y_{11}B_{16}$（1133）着色方案的集合，而第四个集合代表了 $R_1B_5R_9Y_{11}B_{16}$（1134）着色方案的集合。

(2) 第二条路径：1-2-5-7-10-14-16。

这条路径共需要 4 轮 PCR 操作，分别以上一条路径操作完成后得到的 DNA 序列 1131、1132、1133 及 1134 为模板，根据第一条路径的操作方法进行中间结果的删除，具体流程如图 3.8 所示，其实验结果如图 3.9～图 3.12 所示。

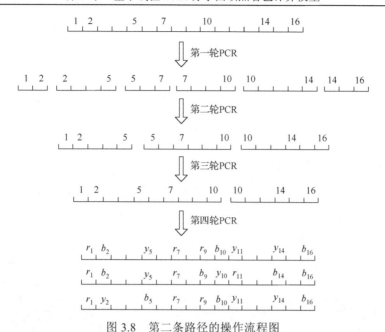

图 3.8　第二条路径的操作流程图

①以 1131 为模板进行第二圈，其结果如图 3.9 所示。

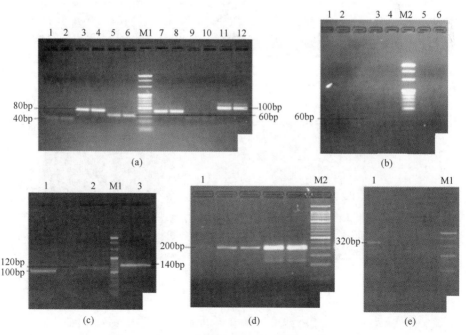

图 3.9　以 1131 为模板进行 PCR 的电泳结果图

图 3.9(a)为第二圈第一次 PCR 反应结果。泳道 1 和 3 分别以 $<r_1,\overline{b_2}>$ 和 $<b_2,\overline{y_5}>$ 为引物对；泳道 5，7，9 和 11 则分别对应引物对 $<y_5,\overline{r_7}>$，$<r_7,\overline{b_{10}}>$，$<r_7,\overline{y_{10}}>$，$<b_{10},\overline{y_{14}}>$。图 3.9(b)为泳道 1、2 以 $<y_{10},\overline{b_{14}}>$ 为引物对；泳道 3，4 和 5，6 则分别对应于引物对 $<y_{14},\overline{b_{16}}>$，$<b_{14},\overline{b_{16}}>$。图 3.9(c)为第二圈第二次 PCR 反应结果。泳道 1 的模板为图 3.9(a)中泳道 1 和 3 的混合物，引物对为 $<r_1,\overline{y_5}>$；泳道 2 的模板为图 3.9(a)中泳道 5 和 7 的混合物，引物对为 $<y_5,\overline{b_{10}}>$；而泳道 3 的模板为图 3.9(a)中泳道 11 和图 3.9(b)中泳道 3 的混合物，引物对为 $<b_{10},\overline{b_{16}}>$。图 3.9(d)为第二圈第三次 PCR 反应结果。泳道 1 的模板为图 3.9(c)中泳道 1 和 2 的混合物，引物对为 $<r_1,\overline{b_{10}}>$。图 3.9(e)为第二圈第四次 PCR 反应结果。泳道 1 的模板为图 3.9(d)中泳道 1 和泳道 3 的混合物，引物对为 $<r_1,\overline{b_{16}}>$。

②以 1132 为模板进行第二圈，其结果如图 3.10 所示。

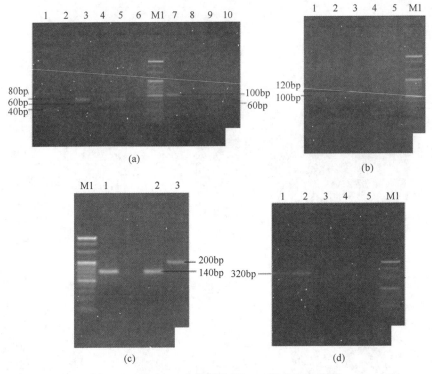

图 3.10　以 1132 为模板进行 PCR 的电泳结果图

图 3.10(a)为第一次 PCR 结果。泳道 1 以 $<r_1,\overline{b_2}>$ 为引物对，泳道 2 是泳道 1 的阴性对照；泳道 3～10 分别对应于引物对 $<b_2,\overline{y_5}>$，$<y_5,\overline{r_7}>$，$<r_7,\overline{y_{10}}>$，

$<r_7,\overline{b_{10}}>$，$<y_{10},\overline{b_{14}}>$，$<b_{10},\overline{y_{14}}>$，$<y_{14},\overline{b_{16}}>$，$<b_{14},\overline{b_{16}}>$；图 3.10(b) 为第二次 PCR 结果。泳道 1 模板为图 3.10(a) 中泳道 1 和 3 的混合物，以 $<r_1,\overline{y_5}>$ 为引物对；泳道 3 的模板为图 3.10(a) 中泳道 4 和 5 的混合物，以 $<y_5,\overline{y_{10}}>$ 为引物对。图 3.10(c) 为第二次 PCR 及第三次 PCR 结果。泳道 1 和 2 的模板均为图 3.10(a) 中泳道 7 和 10 的混合物，以 $<y_{10},\overline{b_{16}}>$ 为引物对；泳道 3 的模板为图 3.10(b) 中泳道 1 和 3 的混合物，引物对为 $<r_1,\overline{y_{10}}>$。图 3.10(d) 为第四次 PCR 结果。泳道 1 的模板为图 3.10(c) 中泳道 1 和 3 的混合物，以 $<r_1,\overline{b_{16}}>$ 为引物对。

③以 1133 为模板进行第二圈，其结果如图 3.11 所示。

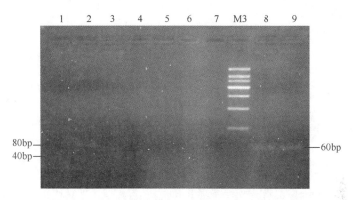

图 3.11　以 1133 为模板进行 PCR 为电泳结果图

M3 代表 DNA marker 150bp ladder，其中泳道 1~9 分别以 $<r_1,\overline{b_2}>$，$<b_2,\overline{y_5}>$，$<y_5,\overline{r_7}>$，$<r_7,\overline{b_{10}}>$，$<r_7,\overline{y_{10}}>$，$<b_{10},\overline{b_{14}}>$，$<y_{10},\overline{b_{14}}>$，$<b_{14},\overline{b_{16}}>$ 和 $<y_{14},\overline{b_{16}}>$ 为引物对，泳道 4，5，6，7 的组合均无相应大小的 PCR 产物生成。

④以 1134 为模板进行第二圈，其结果如图 3.12 所示。

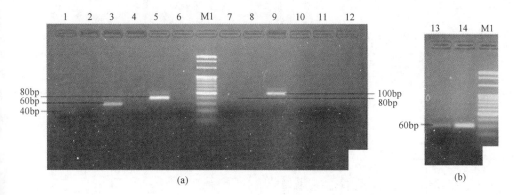

(a)　　　　　　　　　　　　　(b)

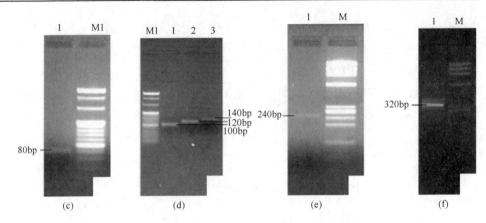

图 3.12 以 1134 为模板进行 PCR 的电泳结果图

图 3.12(a) 为第一次 PCR 反应结果。泳道 1 的 PCR 产物以 $<r_1, \overline{y_2}>$ 为引物对；泳道 3～8 则分别对应于引物对 $<b_5, \overline{r_7}>$，$<b_5, \overline{y_7}>$，$<r_7, \overline{b_{10}}>$，$<r_7, \overline{y_{10}}>$，$<y_7, \overline{b_{10}}>$，$<y_7, \overline{r_{10}}>$；泳道 9，10，11，12 的 PCR 产物对应的引物对分别为 $<b_{10}, \overline{y_{14}}>$，$<y_{10}, \overline{b_{14}}>$，$<r_{10}, \overline{b_{14}}>$，$<r_{10}, \overline{y_{14}}>$。图 3.12(b) 为泳道 13，14 以 $<b_{14}, \overline{b_{16}}>$，$<y_{14}, \overline{b_{16}}>$ 为引物对。图 3.12(c) 为泳道 1 以 $<y_2, \overline{b_5}>$ 为引物对。图 3.12(d) 为第二次 PCR 反应结果。泳道 1 的模板为图 3.12(a) 中泳道 1 和图 3.12(b) 中泳道 1 的混合物，引物对为 $<r_1, \overline{b_5}>$；泳道 2 的模板为图 3.12(a) 中泳道 3 和 5 的混合物，引物对为 $<b_5, \overline{b_{10}}>$；泳道 3 的模板为图 3.12(a) 中泳道 9 和图 3.12(c) 中泳道 14 的混合物，引物对为 $<b_{10}, \overline{b_{16}}>$。图 3.12(e) 为第三次 PCR 结果。泳道 1 的模板为图 3.12(d) 中泳道 2 和 3 的混合物，以 $<b_5, \overline{b_{16}}>$ 为引物对。图 3.12(f) 为第四次 PCR 结果。泳道 1 的模板为图 3.12(d) 中泳道 1 和图 3.12(e) 中泳道 1 的混合物，引物对为 $<r_1, \overline{b_{16}}>$。

第二条路径操作完成后得到三个新的全长为 320bp 的 DNA 序列的集合，这些 DNA 序列中代表顶点 2，5，7，10 和 14 这五个点的序列已经确定，即这五个顶点的着色方案已经确定。三个新的序列集合分别为 $R_1B_2Y_5R_7R_9B_{10}Y_{11}Y_{14}B_{16}$（1241A），$R_1B_2Y_5R_7B_9Y_{10}R_{11}B_{14}B_{16}$（1241B），$R_1Y_2B_5R_7R_9B_{10}Y_{11}Y_{14}B_{16}$（1241D）。

(3) 第三圈：1-3-6-8-13-15-16。

这条路径共需要 4 轮 PCR 操作，分别以 1241A、1241B 及 1241D 为模板，根据第一条路径的操作方法进行（图 3.13）。其实验结果如图 3.14～图 3.16 所示。

① 以 1241A 为模板，实验结果如图 3.14 所示。

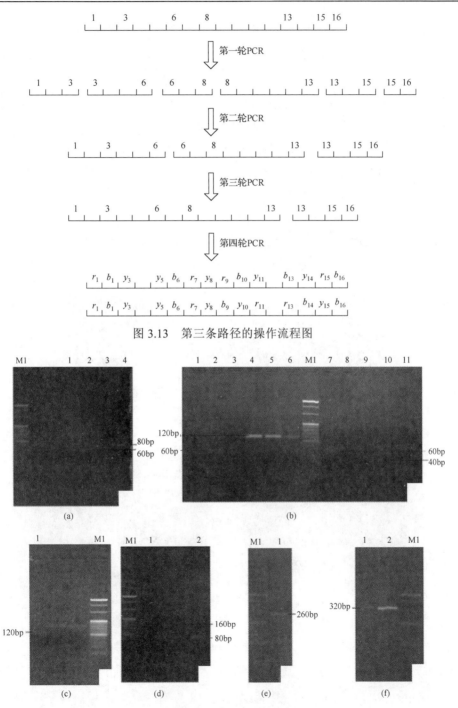

图 3.13 第三条路径的操作流程图

图 3.14 以 1241A 为模板的 PCR 电泳结果图

图 3.14(a)为第一次 PCR 反应结果。泳道 1, 2, 3, 4 分别以 $<r_1, \overline{r_3}>$，$<r_1, \overline{y_3}>$，$<r_3, \overline{b_6}>$，$<y_3, \overline{b_6}>$ 为引物对。图 3.14(b)中泳道 1～11 则分别对应于引物对 $<b_6, \overline{r_8}>$，$<b_6, \overline{y_8}>$，$<r_8, \overline{y_{13}}>$，$<y_8, \overline{r_{13}}>$，$<y_8, \overline{b_{13}}>$，$<r_8, \overline{b_{13}}>$，$<b_{13}, \overline{r_{15}}>$，$<b_{13}, \overline{y_{15}}>$，$<r_{13}, \overline{y_{15}}>$，$<r_{15}, \overline{b_{16}}>$，$<y_{15}, \overline{b_{16}}>$。图 3.14(c)为第二次 PCR 反应结果。泳道 1 的模板为图 3.14(b)中泳道 2 和 4 的混合物，以 $<r_1, \overline{b_6}>$ 为引物对。图 3.14(d)中泳道 1 的模板为图 3.14(a)中泳道 2 和 5 的混合物，引物对为 $<b_6, \overline{b_{13}}>$；泳道 2 的模板为图 3.14(a)中泳道 7 和 10 的混合物，以 $<b_{13}, \overline{b_{16}}>$ 为引物对。图 3.14(e)为第三次 PCR 反应结果。泳道 1 的模板为图 3.14(c)中泳道 1 和图 3.14(d)中泳道 1 的混合物，引物对为 $<r_1, \overline{b_{13}}>$。图 3.14(f)为第四次 PCR 反应结果。泳道 1 的模板为图 3.14(e)中泳道 1 和图 3.14(d)中泳道 2 的混合物，引物对为 $<r_1, \overline{b_{16}}>$。

②以 1241B 为模板，其结果如图 3.15 所示。

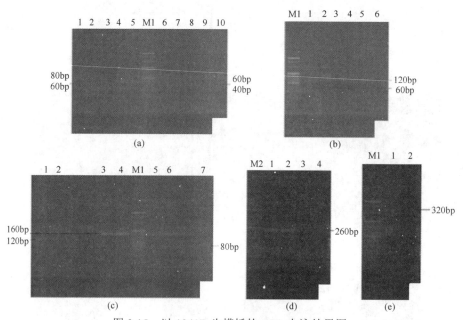

图 3.15　以 1241B 为模板的 PCR 电泳结果图

图 3.15(a)为第一次 PCR 结果。泳道 1～10 分别以 $<r_1, \overline{r_3}>$，$<r_1, \overline{y_3}>$，$<r_3, \overline{y_6}>$，$<y_3, \overline{b_6}>$，$<y_{13}, \overline{r_{15}}>$，$<b_{13}, \overline{r_{15}}>$，$<b_{13}, \overline{y_{15}}>$，$<r_{13}, \overline{y_{15}}>$，$<r_{15}, \overline{b_{16}}>$，$<y_{15}, \overline{b_{16}}>$ 为引物对。图 3.15(b)中泳道 1～6 分别对应于引物对 $<b_6, \overline{y_8}>$，$<b_6, \overline{r_8}>$，$<r_8, \overline{y_{13}}>$，$<r_8, \overline{b_{13}}>$，$<y_8, \overline{r_{13}}>$，$<y_8, \overline{b_{13}}>$。图 3.15(c)为第二次 PCR 结果。泳道 1, 2 的模板为图 3.15(a)中泳道 2 和 4 的混合物，以 $<r_1, \overline{b_6}>$ 为引物

对；泳道 3，4 的模板为图 3.15(b) 中泳道 1 和 5 的混合物，以 $<b_6,\overline{r_{13}}>$ 为引物对；泳道 7 的模板为图 3.15(a) 中泳道 8 和 9 的混合物，以 $<r_{13},\overline{b_{16}}>$ 为引物对。图 3.15(d) 为第三次 PCR 结果。泳道 3，4 的模板为图 3.15(c) 中泳道 1 和 3 的混合物，引物对为 $<r_1,\overline{r_{13}}>$。图 3.15(e) 为第四次 PCR 结果。泳道 1，2 的模板为图 3.15(d) 中泳道 3 和图 3.15(c) 中泳道 7 的混合物，引物对为 $<r_1,\overline{b_{16}}>$。

③以 1241D 为模板，其结果如图 3.16 所示，图片中的泳道无条带的 DNA 序列均已被删除。

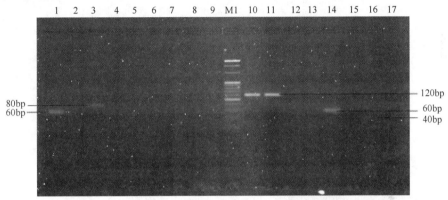

图 3.16　以 1241D 为模板的 PCR 电泳结果图

图 3.16 中泳道 1～9 分别以 $<r_1,\overline{r_3}>$，$<r_1,\overline{y_3}>$，$<r_3,\overline{y_6}>$，$<r_3,\overline{b_6}>$，$<y_3,\overline{b_6}>$，$<b_6,\overline{y_8}>$，$<y_6,\overline{r_8}>$，$<r_8,\overline{y_{13}}>$，$<r_8,\overline{b_{13}}>$ 为引物对；泳道 10～17 分别以 $<y_8,\overline{r_{13}}>$，$<y_8,\overline{b_{13}}>$，$<y_{13},\overline{r_{15}}>$，$<r_{13},\overline{y_{15}}>$，$<b_{13},\overline{r_{15}}>$，$<b_{13},\overline{y_{15}}>$，$<r_{15},\overline{b_{16}}>$，$<y_{15},\overline{b_{16}}>$ 为引物对。

至此，第三条路径 PCR 反应完成，得到两个新的全长为 320bp 的 DNA 序列集合，分别为 $R_1B_2Y_3Y_5B_6R_7Y_8R_9B_{10}Y_{11}B_{13}Y_{14}R_{15}B_{16}$（1341A）和 $R_1B_2Y_3Y_5B_6R_7Y_8B_9Y_{10}R_{11}R_{13}B_{14}Y_{15}B_{16}$（1341B），这些 DNA 序列中代表顶点 3，6，8，13 和 15 的序列的着色方案已经确定。

(4) 单边 4-8。

根据第一条路径的操作方法，单边分别以 1341A 及 1341B 为模板，共需要 3 轮 PCR 操作（图 3.17）。

①以 1341A 为模板进行 PCR 操作，实验结果如图 3.18 所示。

图 3.18(a) 为第一次 PCR 结果。泳道 1，2，3 的 PCR 产物分别以 $<r_1,\overline{r_4}>$，$<r_4,\overline{y_8}>$，$<y_8,\overline{b_{16}}>$ 为引物对。图 3.18(b) 为第二次 PCR 结果。泳道 1，2 的 PCR 产物相同，模板为图 3.18(a) 中泳道 1 和 2 的混合物，以 $<r_1,\overline{y_8}>$ 为引物对。图 3.18(c)

为第三次 PCR 结果。泳道 1 的模板为图 3.18(b) 中泳道 2 和图 3.18(a) 中泳道 3 的混合物，以 $<r_1, \overline{b_{16}}>$ 为引物对。

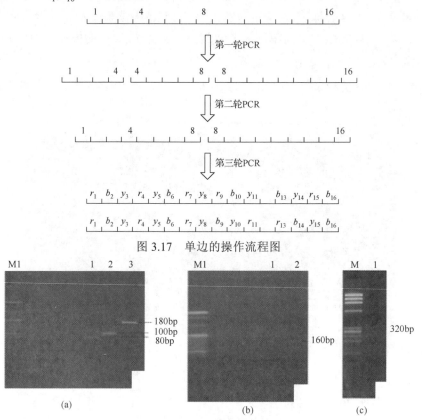

图 3.17　单边的操作流程图

图 3.18　以 1341A 为模板的 PCR 电泳结果图

②以 1341B 为模板，结果实验如图 3.19 所示。

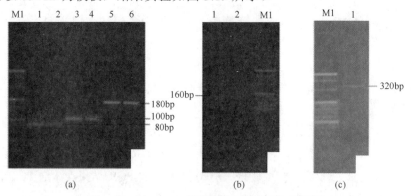

图 3.19　以 1341B 为模板的 PCR 电泳结果图

图 3.19（a）为第一次 PCR 反应结果。泳道 1，3，5 的 PCR 产物分别以 $<r_1,\overline{r_4}>$，$<r_4,\overline{y_8}>$，$<y_8,\overline{b_{16}}>$ 为引物对。图 3.19（b）为第二次 PCR 反应结果。泳道 1，2 的 PCR 产物相同，模板为图 3.19（a）中泳道 1 和泳道 3 的混合物，以 $<r_1,\overline{y_8}>$ 为引物对。图 3.19（c）为第三次 PCR 反应结果。泳道 1 的模板为图 3.19（b）中泳道 1 和图 3.19（a）中泳道 5 的混合物，以 $<r_1,\overline{b_{16}}>$ 为引物对。

对于单边的操作完成后，第一子图所有的错误中间计算结果被删除，最终得到两个全长为 320bp 的 DNA 序列的集合，分别是 $R_1B_2Y_3R_4Y_5B_6R_7Y_8R_9B_{10}Y_{11}B_{13}Y_{14}R_{15}B_{16}$ 和 $R_1B_2Y_3R_4Y_5B_6R_7Y_8B_9Y_{10}R_{11}R_{13}B_{14}Y_{15}B_{16}$ 两种着色方案，这样第一子图得到两个解。

3.3.4　子图合并

完成子图求解后，将一、二子图合并，三、四子图合并，利用子图求解的方法，对合并后的新子图求出所有可能的着色方案。一、二子图操作完成后，得到 4 个满足条件的长为 620bp 的 DNA 序列的集合，即为图 G 中的导出子图 $G[V_1\bigcup V_2]$ 的所有可能的 3-着色解；三、四子图操作完成后，得到 6 个满足条件的长为 620bp 的 DNA 序列的集合，即为图 G 中的导出子图 $G[V_3\bigcup V_4]$ 的所有可能的 3-着色解。然后，继续合并至图 G，利用半巢氏 PCR 删除错误的中间计算结果，最终获得满足图 G 正常顶点着色的解。首先，用全长为 620bp 的 DNA 序列混合物作为模板，以 $<r_1,\overline{y_{61}}>$ 为引物对，进行 PCR 扩增，得到长度为 1220bp 的 DNA 序列集合，其中也包含图 G 错误的中间计算结果；其次，用子图求解的方法进行中间计算结果删除；最后得到了 8 条 DNA 序列代表满足图 G 正常 3-着色的解，实验结果见图 3.20。

$$Z_1 = r_1b_2y_3r_4y_5b_6r_7y_8r_9b_{10}y_{11}r_{12}b_{13}y_{14}r_{15}b_{16}r_{17}y_{18}b_{19}r_{20}b_{21}y_{22}r_{23}b_{24}y_{25}r_{26}y_{27}b_{28}r_{29}y_{30}r_{31}$$
$$b_{32}y_{33}r_{34}b_{35}y_{36}r_{37}b_{38}y_{39}r_{40}y_{41}r_{42}b_{43}y_{44}r_{45}b_{46}r_{47}b_{48}r_{49}y_{50}b_{51}r_{52}y_{53}b_{54}r_{55}y_{56}r_{57}b_{58}y_{59}r_{60}y_{61};$$

$$Z_2 = r_1b_2y_3r_4y_5b_6r_7y_8r_9b_{10}y_{11}r_{12}b_{13}y_{14}r_{15}b_{16}r_{17}y_{18}b_{19}r_{20}b_{21}y_{22}r_{23}b_{24}y_{25}r_{26}r_{27}b_{28}r_{29}y_{30}r_{31}$$
$$b_{32}y_{33}r_{34}b_{35}y_{36}r_{37}b_{38}y_{39}r_{40}y_{41}r_{42}b_{43}y_{44}r_{45}b_{46}y_{47}b_{48}r_{49}y_{50}b_{51}r_{52}y_{53}b_{54}r_{55}y_{56}r_{57}b_{58}y_{59}b_{60}r_{61};$$

$$Z_3 = r_1b_2y_3r_4y_5b_6r_7y_8r_9b_{10}y_{11}r_{12}b_{13}y_{14}r_{15}b_{16}r_{17}y_{18}r_{20}b_{21}y_{22}r_{23}b_{24}y_{25}r_{26}r_{27}b_{28}r_{29}y_{30}r_{31}$$
$$b_{32}y_{33}r_{34}b_{35}y_{36}r_{37}b_{38}y_{39}b_{40}y_{41}r_{42}b_{43}y_{44}r_{45}b_{46}r_{47}b_{48}r_{49}y_{50}b_{51}r_{52}y_{53}b_{54}r_{55}y_{56}r_{57}b_{58}y_{59}r_{60}y_{61};$$

$$Z_4 = r_1b_2y_3r_4y_5b_6r_7y_8r_9b_{10}y_{11}r_{12}b_{13}y_{14}r_{15}b_{16}r_{17}y_{18}r_{20}b_{21}y_{22}r_{23}b_{24}y_{25}r_{26}y_{27}b_{28}r_{29}y_{30}r_{31}$$
$$b_{32}y_{33}r_{34}b_{35}y_{36}r_{37}b_{38}y_{39}r_{40}y_{41}r_{42}b_{43}y_{44}r_{45}b_{46}r_{47}b_{48}r_{49}y_{50}r_{51}y_{52}b_{53}r_{54}b_{55}r_{56}r_{57}b_{58}y_{59}b_{60}r_{61};$$

$$Z_5 = r_1b_2y_3r_4y_5b_6r_7y_8r_9b_{10}y_{11}r_{12}b_{13}y_{14}r_{15}b_{16}r_{17}b_{18}y_{19}r_{20}b_{21}y_{22}r_{23}b_{24}y_{25}r_{26}r_{27}b_{28}r_{29}y_{30}r_{31}$$
$$b_{32}y_{33}r_{34}b_{35}y_{36}r_{37}b_{38}y_{39}r_{40}y_{41}r_{42}b_{43}y_{44}r_{45}b_{46}r_{47}b_{48}r_{49}y_{50}b_{51}r_{52}y_{53}b_{54}r_{55}y_{56}r_{57}b_{58}y_{59}r_{60}y_{61};$$

$$Z_6 = r_1 b_2 y_3 r_4 y_5 b_6 r_7 y_8 r_9 b_{10} y_{11} r_{12} b_{13} y_{14} r_{15} b_{16} r_{17} b_{18} y_{19} r_{20} b_{21} y_{22} r_{23} b_{24} y_{25} r_{26} y_{27} b_{28} r_{29} y_{30} r_{31}$$
$$b_{32} y_{33} r_{34} b_{35} y_{36} r_{37} b_{38} y_{39} r_{40} y_{41} r_{42} b_{43} y_{44} r_{45} b_{46} y_{47} b_{48} r_{49} y_{50} b_{51} r_{52} y_{53} b_{54} r_{55} y_{56} r_{57} b_{58} y_{59} b_{60} y_{61};$$

$$Z_7 = r_1 b_2 y_3 r_4 y_5 b_6 r_7 y_8 r_9 b_{10} y_{11} r_{12} b_{13} y_{14} r_{15} b_{16} r_{17} b_{18} y_{19} r_{20} b_{21} y_{22} r_{23} b_{24} y_{25} r_{26} y_{27} b_{28} r_{29} y_{30} r_{31}$$
$$b_{32} y_{33} r_{34} b_{35} y_{36} r_{37} b_{38} y_{39} b_{40} y_{41} r_{42} b_{43} y_{44} r_{45} b_{46} y_{47} b_{48} r_{49} y_{50} b_{51} r_{52} y_{53} b_{54} r_{55} y_{56} r_{57} b_{58} y_{59} r_{60} y_{61};$$

$$Z_8 = r_1 b_2 y_3 r_4 y_5 b_6 r_7 y_8 r_9 b_{10} y_{11} r_{12} b_{13} y_{14} r_{15} b_{16} r_{17} b_{18} y_{19} r_{20} b_{21} y_{22} r_{23} b_{24} y_{25} r_{26} y_{27} b_{28} r_{29} y_{30} r_{31}$$
$$b_{32} y_{33} r_{34} b_{35} y_{36} r_{37} b_{38} y_{39} b_{40} y_{41} r_{42} b_{43} y_{44} r_{45} b_{46} y_{47} b_{48} r_{49} y_{50} b_{51} r_{52} y_{53} b_{54} r_{55} y_{56} r_{57} b_{58} y_{59} b_{60} y_{61}$$

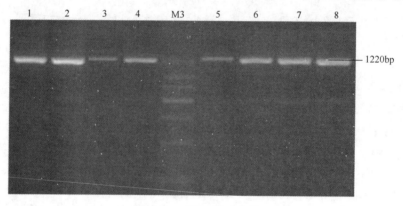

图 3.20　图 G 的 8 个解

3.3.5　解的测序

将代表图的解的 DNA 序列回收后,连接在载体 pMD 19-T(购自 TaKaRa 公司)上,并转化到大肠杆菌 E. coli DH5α 中。经过 PCR 反应和酶切鉴定后,将 8 个解送到北京奥科生物技术有限公司进行测序。

以下为实验试剂配置方法。

(1)实验仪器。

Bio-Rad PCR 仪,Alpha Imager 凝胶成像系统,Anke TGL-16G 离心机,核酸蛋白快速检测仪(Eppendorf 公司),ELGA 超纯水仪,Sartorius 电子天平,北京六一电泳仪及电泳槽。

(2)实验试剂及其配制。

三羟甲基氨基甲烷(Tris)、乙二胺四乙酸二钠(Na$_2$EDTA)、三磷酸腺苷二钠(ATPNa$_2$)和溴化乙锭(EB)为 Sigma 公司产品;

DNA marker(DNA marker 20bp ladder、50bp ladder、150bp ladder)、溴酚蓝、Taq 酶(Premix)、T4 多核苷酸激酶、T4 DNA 连接酶、 dNTP 和 pMD 19-T 载体、凝胶回收试剂盒均购自 TaKaRa 公司;

琼脂糖为 Spanish 产品。

配制方法如下。

①50×TAE 缓冲液：配制 500mL 的 TAE 缓冲液，加入 121g Tris 碱、18.6g Na$_2$EDTA · 2H$_2$O、28.55mL 冰乙酸，加无菌水至 500mL，pH 值调到 8.0～8.5。

②4%琼脂糖凝胶：称取 3.2g 琼脂糖，加入到 80mL 的 1×TAE 缓冲液中，煮沸至澄清。

③TE 缓冲液：10mmol/L Tris · HCl（pH 8.0）和 1mmol/L EDTA 混匀。

④5×TBE 缓冲液：配制 100mL 的 TBE 缓冲液，加入 54g Tris 碱、27.5g 硼酸、20mL 0.5M EDTA（pH 8.0），用去离子水定容至 100mL。

3.4　本 章 小 结

本章建立了基于线性 DNA 分子的并行型计算模型，该模型可用于求解大规模的图顶点着色问题。文中给出了具体的算法步骤，并通过生物实验操作对一个含有 61 个顶点图的实例进行了求解。该模型引入了三个主要的创新点：子图初始解空间的构建、子图分解与合并操作，以及生物操作的并行型处理。正是利用了这些优势，成功的运用该模型解决了一个大规模实例图的顶点着色问题。

在过去大多数的工作中，解空间是通过枚举法构建的，这种枚举型的解空间包含了大量的中间计算结果。而用这种方法构建的初始解空间中自然存在大量非解，因此也就不能避免解空间指数爆炸问题。另外，枚举型解空间所需的编码及 DNA 分子的数量也会呈指数增长，这样一方面导致解空间无法容纳数量庞大的 DNA 分子，另一方面也会加大生化实验操作的难度以及实验的费用。针对该问题，本模型提出了子图分解的思想。通过确定子图的规模和子图间的桥点，使子图的顶点序列相邻的顶点在原图中尽可能有边相连，从而使构建子图初始解空间的设想得以实现。本章中构建的初始解空间中大量中间计算结果被删除，每个子图所需的 DNA 链的数目从 316 下降到 300 条以下，使部分中间计算结果在构建解空间时就已经被删除，极大地降低了初始解空间。

通过子图分解，极大地加快了计算速度，进而减少了搜索时间，这是由于各个子图被并行处理的结果。此外，实验中对图中路径的删除中间计算结果的操作也是并行的。在过去的工作中，中间计算结果是通过每次对一条边进行操作删除的。这样，当顶点规模增大时，实验材料和操作时间就会呈指数增长。而本章利用并行处理方法，对多条边进行同时处理，极大地提高了实验速度，减少了实验所需的时间。

尽管该模型具有以上优势，但仍存在以下几个方面需要改进。

(1)碱基间错配现象。在 PCR 过程中引物和模板之间会出现碱基间错配现象，这也是本章的主要问题之一。由于有些 DNA 链的碱基序列具有相似性，因此在 PCR 过程中出现了错配现象。消除该现象必须通过不断提高编码的质量，编码的质量越高，计算的可靠性也就越高。同时，调节 PCR 反应的条件也可以减少错配现象的发生。

(2)假阳性现象。这也是 DNA 计算过程中错误杂交的主要类型之一[129]。这种现象一方面是由编码的质量不好而引起的，另一方面是由线性 DNA 分子间易发生重组造成的。在 PCR 扩增过程中，线性 DNA 被分断加入到不同的试管中，在进行下一次扩增时，这些小段分子间容易发生重组，这样，中间计算结果就有可能重新产生，因而出现了假阳性现象。线性 DNA 分子重组不仅会产生假阳性，还会使实验中的试管数呈指数增长。为了进一步优化求解 NP 问题的计算模型，这个问题成为我们进一步研究的目标。在第 4 章中，我们提出的环形 DNA 分子的计算模型可以在一定范围内有效解决此问题。

第 4 章　最大团问题计算模型

在过去的工作中，线性 DNA 分子的计算模型具有强大的存储力和巨大的并行性，但线性 DNA 分子之间容易发生重组，因此每个不同的分子就必须被分离到单独的试管中，这样随着问题规模的扩大，需要的管数呈指数增长。在本章中，我们针对该问题，利用单链环形 DNA，构建了一种新的计算模型解决最大团问题。在实验操作过程中，先利用磁珠将线性双链 DNA(double strand DNA，dsDNA)转变成线性单链 DNA(single strand DNA，ssDNA)；再在环化酶的作用下，ssDNA 被催化形成环形 DNA。环形 DNA 避免了计算中的分子重组，从而减少实验中所需试管的数量。我们求解一个具有 5 个顶点图的最大团来验证该算法。实验结果表明，该模型不但延续了 DNA 计算的优势，而且具有解决大规模图的最大团问题的能力。

环形 DNA 分子求解最大团的算法可以有效地缓解解空间增长问题，使实验中所需的试管数量极大地减少。但是，在算法模型中仍然存在一些不足，由于初始数据库和搜索最大团过程中的 DNA 分子长度相同，所以在电泳检测时解不易被区分。此外，此模型代表顶点的 DNA 序列均相同，因此为克服假阳性现象，对编码的设计要求非常严格，当顶点规模不断增大时，需要设计出数量庞大的 DNA 编码就变得十分困难。

为了克服以上问题，在上述方法的基础上，提出了一种改进的方法——环形 DNA 分子增长法，该方法是通过 DNA 分子在搜索最大团的每个顶点时，逐步增加其长度完成的。当搜索的顶点满足条件时，DNA 分子长度增长，直到所有顶点被搜索完成后，数据库里最长的 DNA 链就是最大团的解。该方法用到的编码长度不同，这降低了编码设计的难度，放宽了编码的约束条件及具体参数，使编码的设计相对容易。

环形 DNA 分子增长法不仅延续了之前环形 DNA 计算的优势，同时又改进了检测方法，使环形 DNA 计算模型更完善，更适合求解大规模的最大团问题。本章以一个小规模的图为例，通过具体的生化操作，验证了提出的新算法，并分析了实验中的算法复杂度。实验结果表明，该模型具有读解简便、快速的优点，可以用于解决大规模的其他 NP 完全问题，如图顶点着色问题、最大独立集问题及可满足性问题等。

4.1　最大团问题概述

最大团问题是图论中一个经典的组合优化问题，也是一类 NP 完全问题[130]。1957 年，Hararv 和 Ross 首次提出求解最大团问题的确定性算法，随后，研究者们提出各种各样的确定性算法来求解最大团问题。但随着研究的深入，遇到的问题复杂度越来越高，顶点增多和边密度变大，确定性算法显得无能为力，不能有效解决这些 NP 完全问题，典型的体现是运行时间过长。图的最大团不仅在多项式时间内可以转化为其他许多知名的困难问题，如 Hamilton 圈问题、最小顶点覆盖问题、货郎担问题等，而且，还可直接应用于求解 Ramsey 数问题、计算机视觉及市场分析等不同领域的问题。在图论中，一个图中的团由一些相邻的顶点组成，且这些顶点中的每一个都与其他任意一个有边相连。在这些团中，其中含有顶点数目最多的团是最大团。换言之，导出子图为完全图的最大顶点集合即称为最大团。

对于求解一般简单无向图的最大团，早期研究者们提出了许多常规的算法[131-134]，如利用邻接矩阵、布尔变量及局部枚举算法等精确算法。这些算法均以枚举为基础，只能求解一些顶点数较少的简单图。然而，随着顶点数目的增多，求解过程中都出现了搜索空间和时间的复杂度呈指数性增长现象。因此，研究者们把研究重点逐渐从精确求解转向近似求解，新的智能算法中，很多求解最大团问题的模型也被提出[135-143]。在利用 DNA 计算的算法中，很多求解最大团问题的模型也被提出[144-147]，并取得了一定的进展。

DNA 计算在解决最大团问题时，与传统图灵机相比有无可替代的优势。但是随着 DNA 计算研究的不断深入，传统 DNA 计算模型显示出杂交错误率和生化操作复杂性过高的缺点。针对 NP 完全的最大团问题，本章引入 DNA 自组装模型，提出了一种求解最大团问题的 DNA 计算算法。

4.2　理论模型设计与算法(两个模型)

4.2.1　基于环形 DNA 分子的最大团计算模型理论构建

1. 理论模型设计

本章以图 4.1 为例，构建了求解该图最大团的 DNA 计算模型，最基本的算法步骤有以下五步：

①将图中顶点信息转化为 DNA 分子信息，并确定编码；

②构建初始解空间；

③根据补图中边的关系，删除代表中间计算结果的 DNA 分子；

④从代表所有团的 DNA 分子中，搜索出代表最大团的 DNA 分子；

⑤解的检测及测序。

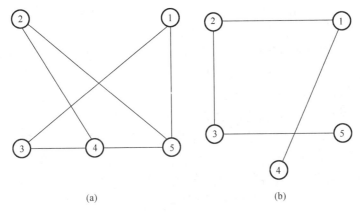

图 4.1　(a)图 G；(b)图 G 的补图

本模型在整个求解过程中，生物操作主要采用了磁珠提取单链技术、单链 DNA 环化技术及反向 PCR 技术，最后通过 DNA 测序技术检测最终解。

2. 算法步骤

(1)对于一个具有 n 个顶点的图 $G(V,E)$，$V=\{1,2,\cdots,n\}$，G 中所有的团用一组由 0 和 1 组成的二进制数表示。在二进制数中，1 表示顶点 k 在团中，而 0 则表示顶点 k 不在团中，其中，$k=1,2,\cdots,n$。这样，所有的团都可用一组由 0 和 1 组成的二进制数表示。为实验中操作方便，用红色(r)表示 1，黄色(y)表示 0。例如，图 4.1(a)中的团$(2,4,5)$可以被表示为 01011 或 $yryrr$。在本章的实验设计中，"r" 和 "y" 分别表示为 40-mer 的 DNA 序列，这些 DNA 序列均由前后两段长为 20-mer 的序列组成。前 20-mer 记为 r_{ns} 或 y_{ns}，而后 20-mer 记为 r_{nx} 或 y_{nx}。因此，图 4.1(a)中的每个团都可以用一条长为 200bp 的 DNA 链表示。

(2)构建初始解空间。图 G 的补图与原图具有相同的结点集，而补图的边恰是原图中所有缺少的边，即对于一个具有 n 个顶点的图，原图与补图边数之和为 $n(n-1)/2$。如果剔除补图中所有的边，那么原图中存在的都是顶点集团。根据补图中边的关系，本章中构建了部分初始解空间，数据库中所有可能的解都由长为 200bp 的 DNA 链表示。构建数据库之前，首先在相邻两个顶点间合成需要的探针。这些探针由代表顶点 i 的 DNA 序列的后 10 个碱基和顶点 $i+1$ 的前 10 个碱基的补序列构成。其次，将代表所有顶点的 DNA 序列被磷酸化。再次，加入探针，使其与磷酸化产物完全混合后在缓冲液中退火杂交。随后，将退火产物作为模板，分别以 $<y_{1s},\ \overline{y_{5x}}>$、$<y_{1s},\ \overline{r_{5x}}>$、$<r_{1s},\ \overline{r_{5x}}>$ 和 $<r_{1s},\ \overline{y_{5x}}>$ 为引物对进行 PCR 扩增，电泳回收纯化后，最终生成初始数据库。生成的四种数据库分别由许多序列不同的 200bp DNA 产物组成，其中前两组引物对扩增出的数据库保存到试管 T_a 中，后两组产生的数据库保存到试管 T_b 中。构建好的数据库通过 PCR 反应，检验其完备性。

(3) 删除补图中所有的边，得到原图中所有团。从最大团的定义上看，原图中的团是补图中的独立集[148]。由此可见，如果原图是完全图，那么补图中就没有边存在。因此，通过删除补图中所有的边，即删除代表这些边的 DNA 序列，从而可以找到原图中代表所有的团的 DNA 序列。在补图 (图 4.1(b)) 中，共存在四条边，分别是边 1-2，边 2-3，边 1-4 以及边 3-5。其中，边 1-2 与边 2-3 在构建初始解空间时，代表其关系的 DNA 序列已被删除。也就是说，在合成探针时，对于由这两条边产生的中间计算结果已经被去除。因此，在这步操作中，利用半巢氏 PCR，只需删除边 1-4 和边 3-5 产生的中间计算结果。中间计算结果删除完成后，数据库中剩余的所有 DNA 链就代表原图中的所有团。

(4) 从所有团中搜索出最大团。在上一步删除补图中所有的边后，数据库中所有中间计算结果被去除，剩余的 DNA 数据都是所有可能的团。通过这步操作，挑选环形 DNA 分子，从而找到代表最大团的 DNA 链。删除中间计算结果操作结束后，数据库中的 DNA 链都是线性 dsDNA，并被储存在新的试管 P_0 中。为了获得环形 DNA 分子，首先，通过磁珠分离技术，所有线性 dsDNA 转变成线性 ssDNA。随后在环化酶的作用下，线性 ssDNA 转变成环形 ssDNA，储存在试管 T_0 中。环形 ssDNA 分子产生，开始进行搜索解的实验过程，利用反向 PCR，以环形 DNA 分子为模板，依次挑选图中的各个顶点。对于每个顶点，只有那些代表 "r" 的环形 DNA 分子才被挑选出，而那些含有 "y" 的 DNA 分子则不被挑选出来。从顶点 1 开始，含有 "r_1" 的环形 DNA 分子通过 PCR 扩增被挑选出来，并被保存在试管 T_1 中。这时，试管 T_1 中的环形 DNA 分子均含有一个 "r"。其次，对顶点 2 进行筛选。试管 T_0 和 T_1 中的分子分别作为这一步反向 PCR 的模板，以代表顶点 2 的 DNA 序列 "r_2" 为引物，反应完成后，含有 "r_2" 的 DNA 分子被扩增出来。从试管 T_1 中得到的产物 (含有两个 "r") 被保存在 T_2 中，从试管 T_0 中得到的产物 (含有一个 "r") 被保存在 T_1 中。如此重复以上操作，依次对顶点 3，4，5 进行筛选。筛选完成后，含有相同数目 "r" 的环形 DNA 分子被储存在同一个试管中。其中，含有最多数目 "r" 的分子被储存在 T_3 中，这条 DNA 分子就是代表最大团的解。

(5)电泳检测获得问题的解。将上一步中获得的 DNA 分子通过跑电泳，检测出含有 "r" 数目最多的 DNA 分子，回收目的片断后，对该分子进行测序。最终，将测序结果和设计的 DNA 序列相比对，从而找出最大团的顶点集合。

4.2.2　基于环形 DNA 分子增长法的最大团计算模型理论构建

1. 理论模型设计

目前，最大团问题已经被证明是众多 NP 完全问题中的一个[149]，有关概念已在 4.1 节中进行了简要的介绍。本节以一个 5 个顶点的图(图 4.2)为例，对本章提出的算法给出了实验验证及分析。

本模型提出的 DNA 算法主要包含以下五个步骤：

①对给定图的不同顶点进行编码，并对编码的 DNA 链给出定义；

②构建代表给定图的所有的可能的团的 DNA 链；

③根据约束条件剔除中间计算结果；

④从代表团的可行解中挑选出代表最大团的解；

⑤读取给定图中最大团的解。

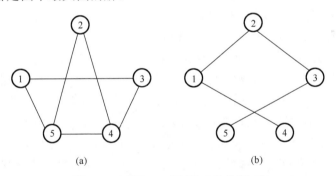

图 4.2　(a)图 G；(b)图 G 的补图 G^c

2. 算法步骤

1)算法中用到的操作

本章中提出的 DNA 计算的算法主要根据以下一系列的生化操作进行。为便于叙述，我们对以下生化操作进行了定义。在本章的计算模型中，对于一个具有 n 个顶点的图，图中所有的团用一串二进制数表示，实验中，每一串数的二进制数用一条 DNA 链代表。对于任意顶点 k，变量 X_k^1 代表 DNA 序列的名称，其中，1 表示顶点 k 在团中，而变量 X_k^0 则表示顶点 k 不在团中。

(1) Select $(M, (X_i, X_j), s(v_i, v_j), P)$。对于初始解空间 M 中的 DNA 链，通过挑选操作，同时含有变量 X_i 和 X_j 的 DNA 链 $s(v_i, v_j)$ 可从解空间 M 中被扩增出来，并被保存到试管 P 中。

(2) Grow (P, X_i^1)。在增长操作中，试管 P 中只有代表变量 X_i^1 的 DNA 链被增长，不含有变量 X_i^1 的链长度不变。

(3) Putinto (P)。通过加入操作，计算过程中符合要求的 DNA 链被存入到试管 P 中。

(4) Mix (tube1, 2, …, n)。通过混合操作，试管 1,2,…,n 中的 DNA 链等摩尔质量混合到一个试管中。

(5) Clear (M)。通过这步清除操作，解空间 M 中的所有 DNA 链被清除。

2) 模型的生物算法

基本算法步骤具体描述如下 (图 4.3)。

步骤 1：对于一个具有 n 个顶点的给定图，图中所有的团表示为一系列 n 个字符的二进制数串。如果一个顶点在一个顶点集团中，该顶点的值用 1 表示；若不在一个顶点集团中，则表示为 0。用这种方法，图中所有的团均可表示为 n 个字符的二进制数串。例如，顶点集团 (1, 4) 可以表示为 10010。在实验操作中，对于任意顶点 $V_k (k = 1,2,…,n)$，顶点的值 1 和 0 分别用序列不同、长度为 40-mer 的寡核苷酸链表示，分别记为 X_k^1 和 X_k^0 (其中 k 表示顶点编号，1 或 0 表示该顶点的值)。所有的 40-mer 的寡核苷酸链均由前后两段 20-mer 的寡核苷酸链组成，前 20-mer 表示为 X_k^s，而后 20-mer 表示为 X_k^x，本模型中用到的所有 DNA 序列如表 4.1 所示。因此，图 4.2 中的每个顶点集团均可用一条长为 200bp 的 DNA 链表示。

步骤 2：根据图 4.2(b) 中边的关系，通过以下步骤，构建了初始解空间。首先，用 T4 多聚核苷酸激酶磷酸化代表顶点的所有上游引物，37℃ 孵育 1h。然后，磷酸化产物与所有合成的探针混合，进行退火反应。这里用到的探针长为 20-mer，这些探针由代表顶点 i 的 DNA 序列的后 10 个碱基和顶点 $i+1$ 的 DNA 序列的前 10 个碱基的补序列构成。其次，退火产物在 T4 DNA 连接酶的作用下，进行连接反应。最后，以连接产物为模板，以 $<X_{1s}^0, \overline{X_{5x}^0}>$，$<X_{1s}^0, \overline{X_{5x}^1}>$，$<X_{1s}^1, \overline{X_{5x}^1}>$，$<X_{1s}^1, \overline{X_{5x}^0}>$ 为引物，通过 PCR 扩出由 200bp 长的 DNA 链组成的数据库。

步骤 3：根据补图 G^c 中的边 $e(v_i, v_j)$ 的关系，同时含有 X_i^1 和 X_j^1 的 DNA 链被删除。按照以下列出的伪码对代表补图中边的关系的 DNA 链进行删除。删除操作完成后，解空间中剩余的解代表了原图中所有的顶点集团。在以下伪码中，$s(v_i, v_j)$ 表示同时包含顶点 v_i 和 v_j 的 DNA 链。

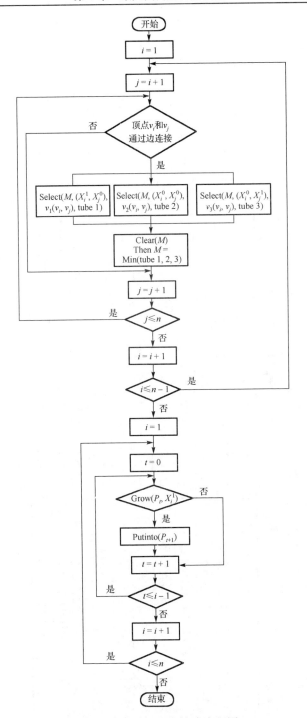

图 4.3   模型的基本算法流程图

表 4.1 代表所有顶点的 DNA 序列

未标记的引物(5′到 3′)	标记的引物(5′到 3′)
X_{1s}^1 : CCACTTCCTATGAGCGATGA	X_{1s-p}^1 : CCACTTCCTATGAGCGATGA
X_{1s}^0 : TTCCACGCCACTCAAAGGTT	X_{1s-p}^0 : TTCCACGCCACTCAAAGGTT
X_{2s}^1 : TTCAAGCCACGAGCCAATAC	X_{2x-p}^1 : CAATGTGAGTGTGTCTGCCTGAAC
X_{2s}^0 : CCACAACCAAGTCTGCTGAT	X_{3x-p}^1 : CCATACAAATCTGCCATACGAGGTG
X_{3s}^1 : TTACTCAGCAGCACGACGAT	X_{4x-p}^1 : TTCTACTGCCTCTGCTGGACAAAG
X_{3s}^0 : TAGGGTAACACAAACTCCGC	$\overline{X_{5x-b}^1}$: CACATTTACGCACTGGAGAC
X_{4s}^1 : CCAGAGACCACCATTTGTTT	$\overline{X_{5x-b}^0}$: ACAATCCTACTCTGGTGCGA
X_{4s}^0 : TTCCATTCCAGCCACAAGAG	$\overline{X_{2s-b}^1}$: AACCGTATTGGCTCGTGGCTTGAA
X_{5s}^1 : TTCTTGTCATCACGGTAGCG	$\overline{X_{3s-b}^1}$: GAACATCGTGCTGCGTGAGTAA
X_{5s}^0 : TTCTCAGCCTCACGGATAGT	$\overline{X_{4s-b}^1}$: CCTCAAACAAATGGTGGTCTCTGG

```
Program Delete
    For (i=1 to n-1)
        For (j=i+1 to n)
        If (vertices vᵢ and vⱼ are connected by edge)
            Select (M, (Xᵢ¹, Xⱼ⁰), s₁(vᵢ, vⱼ), tube 1)
            Select (M, (Xᵢ⁰, Xⱼ⁰), s₂(vᵢ, vⱼ), tube 2)
            Select (M, (Xᵢ⁰, Xⱼ¹), s₃(vᵢ, vⱼ), tube 3)
            Clear (M)
                then M= Mix (tube 1, tube 2, tube 3)
        End If
    End For j
End For i
```

步骤 4：第三步操作结束后，所有不满足条件的中间计算结果从初始解空间中去除，随后将解空间 M 中的数据加入一个新的试管 P_0 中。接着，实施第四步操作，搜索最大团的解。对于每个顶点 v_i，利用环形 DNA 增长法，含有变量 X_i^1 的 DNA 链被增长 8bp，具体操作程序如下所示。在搜索操作完成后，代表最大团的 DNA 链长度最长(图 4.3)。

```
Program Search
    For (i=1 to n)
        For (t=0 to i-1)
         // grow the strands in which the value of vertex i (s(Xᵢ¹)) is 1
        //if grow and putinto
            If (Grow (Pₜ, Xᵢ¹))
            Then
                    Putinto (Pₜ₊₁)
            End If
    End For t
End For i
```

步骤 5：解的读取。通过琼脂糖凝胶电泳，纯化回收到长度最长的 DNA 链。在得到的 DNA 链中，代表最大团的解或许不止一种。最终，通过测序反应，找到图的最大团的解。

4.3　实验验证及分析

4.3.1　基于环形 DNA 分子的最大团计算模型

1. 实验材料及仪器

实验仪器为 Bio-Rad PCR 仪，Bio-rad 核酸蛋白胶仪，Alpha Imager FC2 凝胶

成像系统，Thermo Jouan 高速冷冻离心机，Bio photometer（eppendorf），Unique-R 超纯水仪，德国赛多利斯电子天平，北京六一电泳仪 DDY-6C 及电泳槽 DYCP-31D，国产灭菌锅 DSX-280A。

磁力架 MPC 购自 Invitrogen 公司，磁珠（Dynabeads® M-280 Streptavidin）购自北京思尔成生物技术有限公司，单链 DNA 环化酶试剂盒为 EPI 公司产品，Tris、Na_2EDTA、$ATPNa_2$ 和 EB 为 Sigma 公司产品，DNA marker（DNA marker 20bp ladder、50bp ladder）、溴酚蓝、Taq 酶（Premix）、T4 多核苷酸激酶、T4 DNA 连接酶、dNTP 和凝胶回收试剂盒均购自 TaKaRa 公司，琼脂糖为 Spanish 产品。

2. 模型的生物实验操作及结果

1）建立初始解空间

在本章中，图中的每个顶点都有两种选择：r 和 y，其中，r 表示在团中，而 y 表示不在团中。为了使反向 PCR 顺利进行，r 和 y 都分别由前后两段 20-mer 组成的 DNA 序列表示，即每个 r 和 y 的 DNA 序列长度均为 40-mer。例如，r_1 由 r_{1s} 和 r_{1x} 两段组成。在反向 PCR 中，r_{1x} 作为上游引物，而 r_{1s} 作为下游引物（表 4.2）。在初始解空间的构建过程中，每个代表顶点的 DNA 序列通过结合特定探针，连接成包含所有可能解且长为 200bp 的 DNA 链。根据以下操作步骤，初始数据库被合成。首先，根据补图中边的关系，确定两顶点间特定的探针，如存在探针 r_1y_2 而不存在 r_1r_2（因为图 4.1（b）中顶点 1 和 2 之间有边相连，故这两个顶点不能同时在团中）。由于不是把所有的组合都枚举出来，因此称这种数据库为部分初始解空间。其次，合成代表所有顶点的引物及两个相邻顶点间所有可能的探针。再次，在 T4 多聚核苷酸激酶催化作用下，磷酸化所有的上游引物，在 37℃ 条件下孵育 1h。具体反应体系如下：

所有寡核苷酸序列各 0.5μL	10μL
T4 多核苷酸激酶	3μL
10×T4 多核苷酸激酶缓冲液	3μL
10mM $ATPNa_2^+$	5μL
灭菌水	9μL
总体积	30μL

然后，加入所有探针，在 94℃，5min；50℃，10min 的条件下进行退火反应。反应完成后，再加入 T4 DNA 连接酶，使退火产物在 16℃ 下连接 12h。最后，进行 PCR 扩增反应，模板是连接产物，引物对分别是 $< y_{1s}, \overline{y_{5x}} >$，$< y_{1s}, \overline{r_{5x}} >$，$< r_{1s}, \overline{r_{5x}} >$ 及 $< r_{1s}, \overline{y_{5x}} >$。反应体系如下所示：

表 4.2　所有顶点的引物序列

	上游引物(5'到 3')	下游引物(5'到 3')
r_{1s}: CCACTTCCTATGAGGCGGATGA	r_{1x}: GCTCAACAACCAGTGCTATG	$\overline{r_{1s-b}}$: TCATCGCTCATAGGAAGTGG
y_{1s}: TTCCACGCCACTCAAAGGTT	y_{1x}: TGTGACTCGGAACTGTGATA	$\overline{y_{1s-b}}$: AACCTTTGAGTGGCGTGGAA
r_{2s}: TTCAAGCCACGAGCCAATAC	r_{2x}: GTGAGGTGTGTCTGCCTGAAC	$\overline{r_{2s-b}}$: GTATTGGCTCGTGGCTTGAA
y_{2s}: CCACAACCAAGTCTGCTGAT	y_{2x}: GTGCCCTCTACAACAAGTGA	$\overline{y_{2s-b}}$: ATCAGCAGACTTGGTTGTGG
r_{3s}: TTACTCAGCAGCACGACGAT	r_{3x}: ACAATCTGCCATACGAGGTG	$\overline{y_{3s-b}}$: GCGGAGTTTGTGTTACCCTA
y_{3s}: TAGGGTAACACAAAACTCCGC	y_{3x}: TGTAAACGGCACCTTGACTA	$\overline{r_{3s-b}}$: ATCGTCGTGCTGCTGAGTAA
r_{4s}: CCAGAGACCACCATTTGTTT	r_{4x}: ACTGCCTCTGCTGGACAAAG	$\overline{y_{4s-b}}$: CTCTTGTGGCTGGAATGGAA
y_{4s}: TTCCATTCCAGCCACAAGAG	y_{4x}: AACCTCGCATTTGAAGTGTG	$\overline{r_{4s-b}}$: AAACAAATGGTGGTCTCTGG
r_{5s}: TTCTTGTCATCACGGTAGCG	r_{5x}: GTCTCCAGTGCGTAAATGTG	$\overline{r_{5s-b}}$: CACATTTACGCACTGGAGAC
y_{5s}: TTCTCAGCCTCACGGATAGT	y_{5x}: TCGCACCAGAGTAGGATTGT	$\overline{y_{5s-b}}$: ACAATCCTACTCTGGTGCGA

连接产物	1μL
上游引物	1μL
下游引物	1μL
dNTP Mix (2.5 mM)	4μL
10×Taq 酶缓冲液	5μL
Taq 酶	0.5μL
灭菌水	37.5μL
总体积	50μL

反应条件：变性 94℃，5min；退火 94℃下 30s，55℃下 30s，72℃下 45s，共 35 个循环；延伸 72℃，10min。扩增完成后，通过 4%的琼脂糖凝胶电泳后回收，得到四种长为 200bp 的 DNA 链组成的数据库，将含有 y_1 的两个数据库存入试管 T_a 中，含有 r_1 的另外两个数据库存入试管 T_b。

2) 删除中间计算结果

通过搜索，补图(图 4.1(b))中存在四条边，而边 1-2 和边 2-3 产生的中间计算结果在构建数据库时已被剔除，因此，在这步操作中，只需对边 1-4 和边 3-5 进行删除操作。

(1)删除试管 $T_a(yxxxx)$ 与 $T_b(rxxxx)$ 数据库中表示边 1-4 的所有 DNA 链。换言之，删除边 1-4 就是去除所有这类 $rxxrx$ 序列。根据补图中顶点 1 和 4 有边相连，则原图中这两个顶点不能同时在一个团中(即不能同时用 r 表示)的原则，删除数据库中代表 $rxxrx$ 的 DNA 序列。在这步操作中，由于 T_a 中的序列是 $yxxxx$，不含 $rxxrx$，故只需对 T_b 中的序列进行删除。首先，以 T_b 中的数据为模板，分别用$<r_{1s}$, $\overline{y_{4s}}>$，$<y_{4s}$, $\overline{r_{5x}}>$以及$<y_{4s}$, $\overline{y_{5x}}>$作为引物对，利用前文中 PCR 的反应条件进行扩增。电泳回收后得到三种 PCR 产物，分别是 R_1-Y_4(140bp)，Y_4-R_5(80bp)和 Y_4-Y_5(80bp)(图 4.4(b)，4.5(b))。其次，利用半巢氏 PCR 扩增，产物 R_1-Y_4 和 Y_4-R_5 合并组合成 $R_1-Y_4-R_5$(200bp)；产物 R_1-Y_4 和 Y_4-Y_5 合并成 $R_1-Y_4-Y_5$(200 bp)。随后将以上两种 200bp 的产物混合存入试管 T_c 中，此时 T_c 中不含有 $rxxrx$ 这种 DNA 序列。实验结果表明，删除表示边 1-4 的 DNA 链的操作完成。

(2)删除 $T_a(yxxxx)$ 和 $T_c(rxxxx)$ 数据库中表示边 3-5 的所有 DNA 链。操作方法及原理与删除边 1-4 相同。在试管 T_a 中，首先，用所有 DNA 链作为模板，分别以$<y_{1s}$, $\overline{y_{3s}}>$，$<y_{1s}$, $\overline{r_{3s}}>$，$<r_{3s}$, $\overline{y_{5x}}>$，$<y_{3s}$, $\overline{y_{5x}}>$以及$<y_{3s}$, $\overline{r_{5x}}>$为引物进行 PCR 扩增，获得以下五种产物：Y_1-Y_3(100bp)，Y_1-R_3(100bp)，R_3-Y_5(120bp)，Y_3-Y_5(120bp)，Y_3-R_5(120bp)(图 4.4(c)，4.5(c))。其次，进行第二次 PCR 扩

增，引物对为 $<y_{1s}, \overline{r_{5s}}>$，模板是 Y_1-Y_3 和 Y_3-R_5 的混合物，扩增得到长为 200bp 的产物 $Y_1-Y_3-R_5$。同理，产物 $Y_1-R_3-Y_5$（200bp）和 $Y_1-Y_3-Y_5$（200bp）也相继被获得。随后将上述三种产物混合后存入新的试管 $T_{a'}$ 中。此时，试管 $T_{a'}$ 中同时含有 r_3 和 r_5 的 DNA 链全部被删除。在试管 T_c 中，删除操作步骤如同试管 T_a 中的操作。以试管 T_c 中所有 DNA 链为模板，分别以 $<r_{1s}, \overline{y_{3s}}>$，$<r_{1s}, \overline{r_{3s}}>$，$<r_{3s}, \overline{y_{5x}}>$，$<y_{3s}, \overline{y_{5x}}>$，$<y_{3s}, \overline{r_{5x}}>$ 为引物对进行 PCR，扩增得到五种不同产物，分别是 R_1-Y_3（100bp），R_1-R_3（100bp），R_3-Y_5（120bp），Y_3-Y_5（120bp）和 Y_3-R_5（120bp）（图 4.4（c），4.5（d））。在第二轮 PCR 实施完成后，R_1-Y_3 与 Y_3-R_5 合并得到产物 $R_1-Y_3-R_5$（200bp）；R_1-Y_3 与 Y_3-Y_5 合并得到产物 $R_1-Y_3-Y_5$（200bp）；以及 R_1-R_3 和 R_3-Y_5 合并得到产物 $R_1-R_3-Y_5$（200bp），同时将三种产物混合存入新的试管 $T_{c'}$。此时，试管 $T_{a'}$ 和 $T_{c'}$ 中的 DNA 数据既不含 $rxxrx$，也不含 $xxrxr$。接着，合并这两个试管中的数据，并转移到新的试管 T_0 中。T_0 中所有 DNA 链就代表了图 4.1（a）中存在的所有顶点集团，为进一步在这些团中能够搜索到最大团，进行下一步操作。

图 4.4（a）为数据库；图 4.4（b）和图 4.4（c）为从数据库中删除边 1-4 和边 3-5；图 4.4（d）～图 4.4（h）利用环形 DNA 分子对每个顶点进行搜索。

图 4.5（a）为初始解空间；图 4.5（b）为 T_b 中删除边 1-4 后的数据库：泳道 1，2，3 分别对应的引物是 $<y_{4s}, \overline{r_{5x}}>$，$<y_{4s}, \overline{y_{5x}}>$，$<r_{1s}, \overline{y_{4s}}>$；图 4.5（c）为 T_a 中删除边 3-5 后的数据库：泳道 1 对应的引物是 $<r_{3s}, \overline{y_{5x}}>$；泳道 2，3，4，5 分别对应的引物是 $<y_{3s}, \overline{y_{5x}}>$，$<y_{3s}, \overline{r_{5x}}>$，$<y_{1s}, \overline{y_{3s}}>$，$<y_{1s}, \overline{r_{3s}}>$；图 4.5（d）为 T_b 中删除边 3-5 后的数据库：泳道 1，2，3，4，5 分别对应的引物是 $<r_{3s}, \overline{y_{5x}}>$，$<y_{3s}, \overline{y_{5x}}>$，$<y_{3s}, \overline{r_{5x}}>$，$<r_{1s}, \overline{y_{3s}}>$，$<r_{1s}, \overline{r_{3s}}>$；图 4.5（e）为挑选顶点 2 后的电泳图：泳道 1 和 2 的引物均为 $<r_{2x-p}, \overline{r_{2s-b}}>$，模板分别为 T_1 和 T_0 中的数据；图 4.5（f）为挑选顶点 5 后的电泳图：泳道 1，2 和 3 的引物均为 $<r_{5x-p}, \overline{r_{5s-b}}>$，模板分别为 T_0，T_1 和 T_2 中的数据。

3）线性单链 DNA 的产生及其环化

该算法中寻找最大团的关键技术就是环形 DNA 分子的使用。在上一步中间计算结果删除完成后，T_0 中的 DNA 链均为线性 dsDNA。为获得环形 DNA，需通过以下两步进行转化。

第一步：将线性 dsDNA 转化为线性 ssDNA。主要原理是利用磁珠吸附，通过磁力架（magnetic particle container，MPC）将双链中的一条标有生物素的链与另一条未标记的链分离，从而获得单链 DNA。其具体操作步骤如图 4.6 所示。

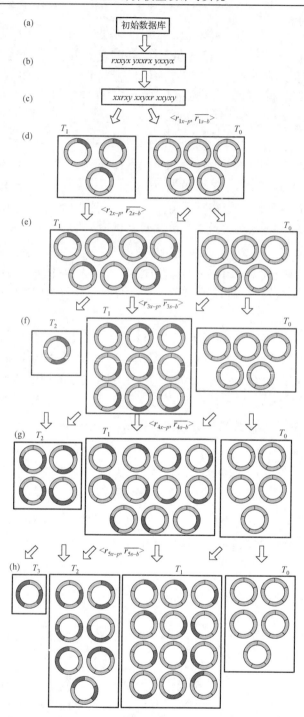

图 4.4　搜索代表最大团的 DNA 链的过程示意图

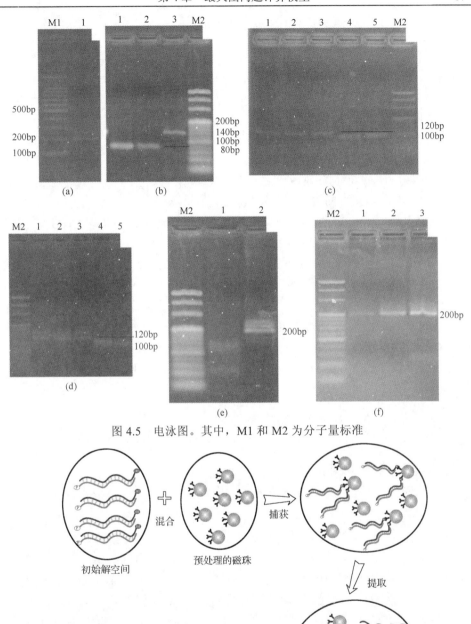

图 4.5　电泳图。其中，M1 和 M2 为分子量标准

图 4.6　单链提取及环化示意图

①以 T_0 中的线性双链 DNA 为模板,用一对磷酸化(记为 r_{nx-p})和生物素化(记为 $\overline{r_{ns-b}}$)标记的引物进行 PCR 扩增,反应条件如前文所述。建立初始解空间,通过琼脂糖凝胶电泳后回收得到有生物素化标记的线形双链 DNA。

②用 150μL 的 MPE 缓冲液(2M NaCl, 10mM Tris-HCl, 1mM EDTA, pH 8.0)将磁珠清洗两遍[150]。

③将 25μL 的线性 dsDNA 与磁珠混合均匀,在室温下放置 30min 后,磁珠与有生物素化标记的线性 dsDNA 相连接。

④利用磁力架,使与磁珠相连的 DNA 链吸附到试管一侧,同时弃去试管中缓冲液。再用 200μL 的 MPE 缓冲液洗涤三遍后,弃去上清。

⑤磁珠中加入 40μL 的 120mM NaOH,室温下放置 5min。利用 MPC,吸取试管中上清,将 0.4μL 的醋酸和 150μL 的乙醇加到上清中,$-25℃$ 孵育 10h。

⑥将混合液在 12000r/min 下离心 10min,弃去上清;沉淀用 20μL 的灭菌水重悬。此时重悬液中得到的是线性 ssDNA。

第二步:将线性 ssDNA 转化为环形 ssDNA。在环化酶(EPI)的催化作用下,线性 ssDNA 形成环形 ssDNA,实验体系及反应条件如下:

ssDNA	4μL
10×缓冲液	5μL
1mM ATP	0.5μL
环化酶	1μL
MnCl$_2$	1μL
总体积	20μL

反应条件:60℃,60min;80℃,10min。

随后,利用形成的环形 ssDNA 分子,进行下一步的搜索最大团操作。

4) 搜索最大团

在搜索最大团的操作过程中,反向 PCR 是从环形 DNA 中筛选代表最大团的 DNA 链的关键技术。从顶点 1 开始,用代表"r"的引物依次挑选每个顶点,只有那些含有"r"的 DNA 链被挑选出。随后,对顶点 2,3,4,5 依次进行筛选,最终含有相同数目的"r"的 DNA 链被储存在相同的试管中。

首先,对顶点 1 进行筛选,用 T_0 中的环形 DNA 作为 PCR 扩增的模板,以<r_{1x-p}, $\overline{r_{1s-b}}$>为引物对,扩增出所有含有 r_1 的 DNA 链,通过电泳检测、试剂盒纯化回收后再环化,并储存到新的试管 T_1 中(含有 1 个 r)(见图 4.4(d))。

其次,筛选顶点 2,引物对是<r_{2x-p}, $\overline{r_{2s-b}}$>,分别用 T_0 和 T_1 中的环形 DNA 为模板进行反向 PCR。从 T_0 中扩增得到的产物环化后储存到 T_1 中,从 T_1 中得到的产物储存到一个新的试管中,但是这一步从 T_1 中没有产物生成(图 4.4(e),

4.5(e)),说明试管 T_1 中没有同时含有 r_1 和 r_2 的 DNA 链。

再次,重复顶点 2 的步骤对顶点 3 进行筛选,以 $<r_{3x-p}, \overline{r_{3s-b}}>$ 为引物,从 T_0 中扩增得到的产物环化后储存到 T_1,从 T_1 中得到的产物环化后储存到新的试管 T_2 中,此时 T_2 中的 DNA 链含有 2 个 r(图 4.4(f))。应用相同的实验步骤,对其余顶点 4 和 5 进行挑选,操作完成后,含有 r_4 和 r_5 的 DNA 链也被筛选出(图 4.4(g),图 4.4(h))。最终,试管 T_3 中的 DNA 链含有的 r 数目最多,即一条 DNA 链上同时含有 3 个 r(图 4.5(f),泳道 3)。将最终得到的产物回收纯化后送到上海生工生物工程技术有限公司进行测序。根据测序结果(图 4.7 和图 4.8),对比设计的代表每个顶点的 DNA 序列,搜索到图 4.1(a)中的最大团是顶点(2,4,5)。

GCGGGAAGAGTGA

TTCAGCCACGAGCCAATAC GTGAGTGTGTCTGCCTGAAC

R_2

TAGGGTAACACAAACTCCGC TGTAAACGGCACCTTGACTA

Y_3

CCAGAGACCACCATTTGTTT ACTGCCTCTGCTGGACAAAG

R_4

TTCTTGTCATCACGGTAGCG GTCTCCAGTGCGTAAATGTGA

R_5

图 4.7　解的测序结果

5)算法复杂度分析

本节利用环形 DNA 分子扩增算法,对一个具有 n 个顶点的图 G 进行求解,最终成功搜索出图 G 的最大团。根据该算法,我们分析了计算所需的时间复杂度和空间复杂度。在生物计算中,时间复杂度取决于生物操作的次数。下面根据实验中的具体生物操作,分别对每个操作进行复杂度分析。①构建初始数据库时,共需 4 步操作,分别是:1 次磷酸化操作,1 次混合操作,1 次连接操作和 1 次 PCR 扩增操作。②在中间计算结果删除时,操作所需次数等于补图中的边数 m。一条边需要一次中间计算结果删除操作,那么 m 条边共需要 m 次删除操作。③在搜索最大团过程中,根据图 G 的顶点数目 n,依次对每个顶点进行搜索,因此共需要 n 次反向 PCR 扩增操作。④通过测序操作获得问题的解。在这步操作中,只需 1 步测序操作即可获得解。因此,根据以上分析,整个计算过程的时间复杂度为 $O(m+n)$。

此外,算法的空间复杂度由试管数目决定。根据上述分析,在构建初始数据库时,共需 4 次操作,也就是说共需要 4 个试管。在删除中间计算结果时,对 m 条边进行操作,每次操作需 3 个试管,那么共需 $3m$ 个试管。而在搜索最大团的过程中,至多需要比顶点数 n 多 1 个试管。因此,该算法的空间复杂度也是 $O(m+n)$。

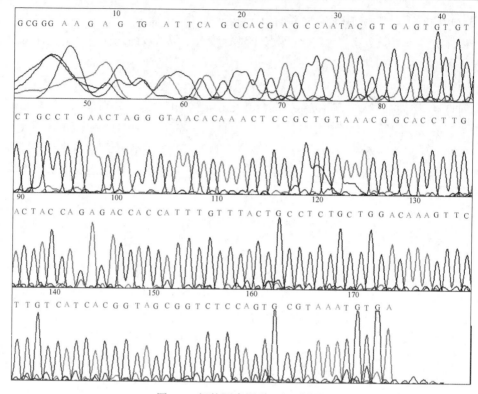

图 4.8　解的测序图谱 1(见彩图)

4.3.2　基于环形 DNA 分子增长法的最大团计算模型

1. 生化操作的方法

本章提出的 DNA 算法是根据具体的生化操作进行的，其中包括构建初始解空间的操作方法、分离单链的方法、环化单链的方法以及增长环形 DNA 分子的方法等，下面详细介绍各种方法的操作过程。

(1)初始解空间的构建。首先，将代表顶点的所有上游引物在 T4 多聚核苷酸激酶的催化下进行磷酸化反应。接着，将磷酸化产物与所有合成的探针混合，在 10×T4 多聚核苷酸激酶的缓冲液中进行退火反应，反应条件为 94℃，5min；50℃，10min。随后，退火产物在 T4 DNA 连接酶的作用下，在 16℃条件下连接过夜。最后，用连接产物作为模板，分别以 $<X_{1s}^0, \overline{X_{5x}^0}>$，$<X_{1s}^0, \overline{X_{5x}^1}>$，$<X_{1s}^1, \overline{X_{5x}^1}>$，$<X_{1s}^1, \overline{X_{5x}^0}>$ 为引物对，通过 PCR 扩增出 4 组长度为 200bp 的 DNA 链，回收纯化后组成初始数据库。

(2)线性 ssDNA 的分离。首先，线性 dsDNA 的纯化。将 PCR 扩增出的 dsDNA 产物在 5%的琼脂糖凝胶上跑电泳后，回收纯化。其次，线性 dsDNA 与磁珠的连接。将回收的 25μL 的线性 dsDNA 与预处理过的磁珠(用 200μL 的 MPE 缓冲液(2M NaCl, 10mM Tris-HCl, 1mM EDTA, pH 8.0)清洗磁珠两遍)混合均匀，室温下放置 30min 后，磁珠和有生物素化标记的线性双链 DNA 相连。利用磁力架，与磁珠相连的 DNA 链被吸附到试管一侧，再用 200μL 的 MPE 缓冲液洗涤三遍后，弃去上清。最后，线性 ssDNA 的分离。通过利用 DNA 分子的性质，使 dsDNA 的两条链相互分离。沉淀中加入 40μL 的 120mM NaOH，室温下孵育 5min。利用 MPC，吸取试管中上清，上清中加入 0.4μL 的醋酸和 150μL 的乙醇后，−25℃孵育过夜。孵育后的样品在 12000r/min 下离心 10min，弃去上清后，用 20μL 的灭菌水重悬沉淀。此时重悬液中是线性 ssDNA。

(3)线性 ssDNA 的环化。在线性单链 DNA 环化酶(EPI)的催化作用下，分离的线性 ssDNA 两端形成磷酸二酯键，从而产生环形 DNA。环化的具体反应条件如下：60℃，60min；80℃，10min。

(4)环形 DNA 分子的增长。这步操作利用本章提出的环形 DNA 增长法实现，增长的过程借助于反向 PCR 操作完成(图 4.9)。在反向 PCR 过程中，引物是一对磷酸化和生物素化修饰的寡核苷酸<X_{kx-p}^1，$\overline{X_{ks-b}^1}$>，模板是环形 DNA 分子。由于引物 X_{kx-p}^1 和 $\overline{X_{ks-b}^1}$ 比 X_{kx-p}^0 与 $\overline{X_{ks-b}^0}$ 各长 4bp，所以当模板 DNA 链中含有 X_k^1 时，扩增产物和模板相比，增长 8bp。PCR 反应条件如下：94℃变性 5min；94℃反应 30s，57℃反应 30s，72℃反应 45s，进行 35 个循环；72℃延伸 10min。

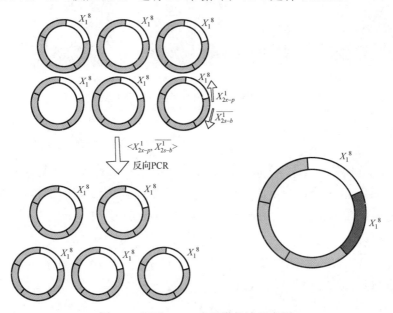

图 4.9　环形 DNA 分子增长法示意图

2. 实验结果

1）初始解空间的构建

根据 4.2.2 节中提出的生物算法的步骤 2，分别以 $<X_{1s}^0,\ \overline{X_{5x}^0}>$，$<X_{1s}^0,\ \overline{X_{5x}^1}>$，$<X_{1s}^1,\ \overline{X_{5x}^1}>$ 及 $<X_{1s}^1,\ \overline{X_{5x}^0}>$ 为引物对进行 PCR 扩增，得到四种产物，长度均由 200bp 的 DNA 链构成（实验结果见图 4.10(a)）。由前两组引物对扩增出的产物回收纯化后，在一个新的试管 T_a 中混合，而由后两组引物对扩增得到的产物在试管 T_b 中混合。

图 4.10 中 M2 为分子量标准；图 4.10(a) 为初始解空间；图 4.10(b) 为 T_a 中删除边 1-4 后的产物：泳道 1~6 分别对应的引物是 $<X_{4s}^1,\ \overline{X_{5x}^1}>$，$<X_{4s}^1,\ \overline{X_{5x}^0}>$，$<X_{4s}^0,\ \overline{X_{5x}^1}>$，$<X_{4s}^0,\ \overline{X_{5x}^0}>$，$<X_{1s}^0,\ \overline{X_{4s}^0}>$，$<X_{1s}^0,\ \overline{X_{4s}^1}>$；图 4.10(c) 为 T_b 中删除边 1-4 后的产物：泳道 1，2，3 分别对应的引物是 $<X_{4s}^0,\ \overline{X_{5x}^1}>$，$<X_{4s}^0,\ \overline{X_{5x}^0}>$，$<X_{1s}^1,\ \overline{X_{4s}^0}>$。

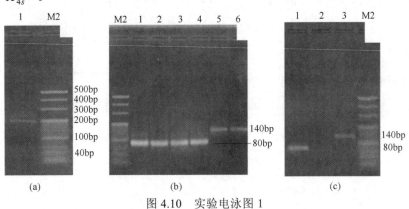

图 4.10　实验电泳图 1

2）中间计算结果的删除

根据 4.2.2 节中提出的生物算法的步骤 3，对补图 G^c 进行搜索，共有 4 条边需要进行删除操作：$e(v_1,v_2)$，$e(v_2,v_3)$，$e(v_1,v_4)$ 和 $e(v_3,v_5)$。对于这 4 条边的操作均利用半巢氏 PCR 方法，下面以边 $e(v_1,v_4)$ 为例，详述删除中间计算结果的生物操作过程及实验结果。首先，用试管 T_a 中的 DNA 链作为模板，分别以 $<X_{1s}^0,\ \overline{X_{4s}^0}>$，$<X_{1s}^0,\ \overline{X_{4s}^1}>$，$<X_{4s}^1,\ \overline{X_{5x}^1}>$，$<X_{4s}^1,\ \overline{X_{5x}^0}>$，$<X_{4s}^0,\ \overline{X_{5x}^1}>$，$<X_{4s}^0,\ \overline{X_{5x}^0}>$ 为引物对进行 PCR 扩增，通过琼脂糖凝胶电泳后获得 6 种不同的 PCR 产物：$X_1^0 - X_4^0$ (140bp)，$X_1^0 - X_4^1$ (140bp)，$X_4^1 - X_5^0$ (80bp)，$X_4^1 - X_5^0$ (80bp)，$X_4^0 - X_5^1$ (80bp) 和 $X_4^0 - X_5^0$ (80bp)（结果见图 4.10(b)）。利用回收试剂盒分别纯化

回收这 6 种产物。其次，分别以上述 6 种产物中的两种混合为模板，进行半巢氏 PCR 的第二轮扩增。以产物 $X_1^0 - X_4^0$ 与 $X_4^0 - X_5^0$ 为模板，以 $<X_{1s}^0, \overline{X_{5x}^0}>$ 为引物对，扩增得到产物 $X_1^0 - X_4^0 - X_5^0$ (200bp)；以产物 $X_1^0 - X_4^0$ 与 $X_4^0 - X_5^1$ 为模板，引物对为 $<X_{1s}^0, \overline{X_{5x}^1}>$，扩增得到产物 $X_1^0 - X_4^0 - X_5^1$ (200bp)；以产物 $X_1^0 - X_4^1$ 与 $X_4^1 - X_5^0$ 为模板，引物对为 $<X_{1s}^0, \overline{X_{5x}^0}>$，扩增得到产物 $X_1^0 - X_4^1 - X_5^0$ (200bp)；以产物 $X_1^0 - X_4^1$ 与 $X_4^1 - X_5^1$ 为模板，引物对为 $<X_{1s}^0, \overline{X_{5x}^1}>$，扩增得到产物 $X_1^0 - X_4^1 - X_5^1$ (200bp)。在试管 T_b 中，进行和试管 T_a 同样的生物操作。首先，用试管 T_b 中的 DNA 数据为模板，分别以 $<X_{1s}^1, \overline{X_{4s}^0}>$，$<X_{4s}^0, \overline{X_{5x}^0}>$，$<X_{4s}^1, \overline{X_{5x}^0}>$ 为引物对，进行第一轮 PCR 扩增，电泳回收后得到以下 3 种产物：$X_1^1 - X_4^0$（140bp），$X_4^0 - X_5^1$ (80bp) 和 $X_4^0 - X_5^0$ (80bp)（图 4.10(c)）。其次，将产物 $X_1^1 - X_4^0$ 与 $X_4^0 - X_5^1$ 混合作为第二轮扩增的模板，引物对为 $<X_{1s}^1, \overline{X_{5x}^1}>$，扩增得到产物 $X_1^1 - X_4^0 - X_5^1$ (200bp)；将产物 $X_1^1 - X_4^0$ 与 $X_4^0 - X_5^0$ 混合作为模板，引物对为 $<X_{1s}^1, \overline{X_{5x}^1}>$，扩增获得产物 $X_1^1 - X_4^0 - X_5^0$ (200bp)。最后，将 T_a 和 T_b 中得到的产物分别转移到新的试管 T_c 和 T_d 中。此时，新的试管中没有同时含有 X_1^1 和 X_4^1 的 DNA 链，换言之，表示 10010 的 DNA 链已被删除。对于其他几条边 $e(v_1, v_2)$，$e(v_2, v_3)$ 和 $e(v_3, v_5)$，操作方法与边 $e(v_1, v_4)$ 相同，删除边 $e(v_3, v_5)$ 的实验结果如图 4.11 所示。

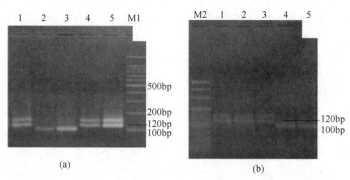

图 4.11　实验电泳图 2

图 4.11 中 M1 和 M2 为分子量标准；图 4.11(a) 为 T_c 中删除边 3-5 后的产物：泳道 1，2，3，4，5 分别对应的引物是 $<X_{3s}^1, \overline{X_{5x}^0}>$，$<X_{1s}^0, \overline{X_{3s}^1}>$，$<X_{1s}^0, \overline{X_{3s}^0}>$，$<X_{3s}^0, \overline{X_{5x}^0}>$ 和 $<X_{3s}^0, \overline{X_{5x}^1}>$；图 4.11(b) 为 T_d 中删除边 3-5 后的产物：泳道 1，2，3，4，5 分别对应的引物是 $<X_{3s}^1, \overline{X_{5x}^0}>$，$<X_{3s}^0, \overline{X_{5x}^0}>$，$<X_{3s}^0, \overline{X_{5x}^1}>$，$<X_{1s}^1, \overline{X_{3s}^0}>$，$<X_{1s}^1, \overline{X_{3s}^1}>$。

　　最终，当补图中的所有边都操作完成后，中间计算结果从初始解空间中完全去除。获得的可行解储存在一个新的试管 P_0 中。

　　3) 从可行解中搜索最大团

　　为搜索到最大团，按照 4.2.2 节中提出的生物算法的步骤 4 进行搜索操作。从上一步中得到的可行解储存在试管 P_0 中，此时，代表可行解的是线性 dsDNA。首先，利用磁珠将线性 dsDNA 分离提取转变成线性 ssDNA。其次，在环化酶的作用下，线性 ssDNA 转变为环形 ssDNA(图 4.12(e))。根据顶点 1 的值不同，将所有环形单链 DNA 分到两个不同的试管 T_1 和 T_2 中。T_1 中含有的 DNA 序列是 $0xxxx$，而 T_2 中含有的序列是 $1xxxx$。下面按照 4.3.2 节中的环形 DNA 增长(circular DNA length growth，CDLG)操作方法，分别对试管 T_1 和 T_2 进行生化实验操作。在试管 T_1 中，由于顶点 1 和 5 的值已经确定，因此从顶点 2 开始至顶点 4 进行搜索操作。①对于顶点 2(图 4.12(f))，以< X^1_{2x-p}，$\overline{X^1_{2s-b}}$ >为引物对，用试管 T_1 中的环形 DNA 作为模板，进行反向 PCR 扩增，得到含有 X^1_2 且长度为 208bp 的线性 DNA 产物(图 4.13(a))。随后利用上述环化方法对该线性产物进行再环化。同时，试管 T_1 中不含有 X^1_2 的环形 DNA 在这一步不被增长。②对于顶点 3(图 4.12(g))，以< X^1_{3x-p}，$\overline{X^1_{3s-b}}$ >作为引物，分别以上一步中增长的和未增长的环形 DNA 为模板，进行反向 PCR 扩增获得长度为 208bp 的线性 DNA 产物，对其进行再次环化。这说明该产物是由上一步中未增长的 DNA 模板中扩增出来的。③对于顶点 4 的操作和上一步相同，操作结束后，在 T_1 中最长的产物为 216bp(电泳结果见图 4.13(b))。随后，将 216bp 的产物回收纯化后作为下一步 PCR 的模板，以< X^0_{1s-p}，$\overline{X^1_{5x-b}}$ >为引物对，扩增得到的产物回收后保存到新的试管中。

　　与此同时，在试管 T_2 中，从顶点 1 至顶点 5，进行同样的操作步骤，最终得到的最长的产物为 208bp(图 4.13(c))。和 T_1 中的产物相比，该 208bp 的产物不是最长的产物，因此不是最大团问题的解。在搜索操作结束后，将 216bp 的扩增产物送到北京奥科测序公司进行测序。根据测序结果(图 4.14)，比对代表每个顶点的 DNA 序列，获得图 4.2(a) 的最大团规模为 3(01011)，即顶点(2，4，5)。

　　图 4.13(a) 为试管 T_1 中顶点 2 增长操作的结果：泳道 1，2 对应的引物对均为 < X^1_{2x-p}，$\overline{X^1_{2s-b}}$ >，模板是 T_1 中不同浓度的 DNA 数据。图 4.13(b) 为试管 T_1 中顶点 3，4 增长操作的结果：泳道 1，2 分别对应的引物对为< X^1_{3x-p}，$\overline{X^1_{3s-b}}$ >和< X^1_{4x-p}，$\overline{X^1_{4s-b}}$ >。图 4.13(c) 为试管 T_2 中顶点 3 增长操作的结果：泳道 1 对应的引物对 < X^1_{3x-p}，$\overline{X^1_{3s-b}}$ >。

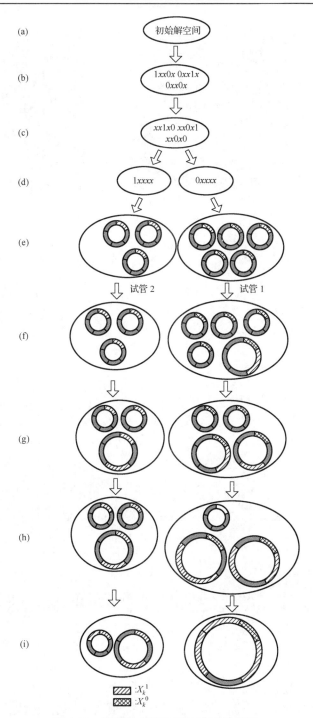

图 4.12　搜索最大团的实验操作示意图

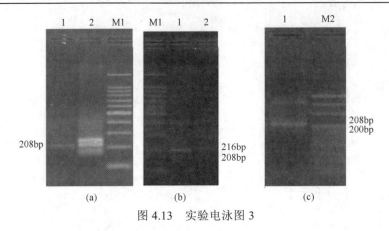

图 4.13　实验电泳图 3

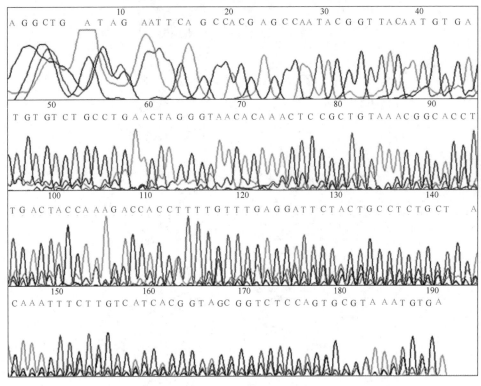

图 4.14　解的测序图谱 2（见彩图）

4) 算法复杂度分析

(1) 时间复杂度。

本章利用提出的算法求解了一个具有 n 个顶点图 G 的最大团。在生物计算中，时间复杂度取决于算法中生物操作的次数。本章计算模型中，为求解出图 G 的最大团，操作时间复杂度为 $O(n+m)$，其中，m 是补图 G^c 的边数。下面根据实验中的具体操作，对每个操作进行时间复杂度分析。首先，步骤 1 中没有具体的生物操作。步骤 2 包含 1 次磷酸化操作，1 次混合 (Mix) 操作，1 次连接操作和 1 次扩增操作。其次，在步骤 3 中，由于删除中间计算结果的操作次数等于补图中的边数 m，所以步骤 3 至多需要 $3m$ 次挑选 (Select) 操作，m 次清除 (Clear) 操作和 m 次混合 (Mix) 操作。再次，根据图 G 的顶点数，步骤 4 至多包含 n 次增长 (Grow) 操作和 n 次加入 (Putinto) 操作。最后，在步骤 5 中，共有 1 次测序操作。因此，该算法中的生物操作的次数为 $O(n+m)$，也就是说，操作的时间复杂度是 $O(n+m)$。

(2) 空间复杂度。

利用本章提出的算法，求解图 G 的最大团的空间复杂度为 $O(n+m)$。步骤 1 中无生物操作，因此不需要试管。在步骤 2 中，根据顶点 1 的值不同，共需要 2 个试管。步骤 3 中，根据补图的边数 m，共需要 $3m$ 个试管。最后，在步骤 4 中，根据图 G 的顶点数目，至多需要 $n+1$ 个试管。总之，在整个计算过程中，共需要试管数为 $2+3m+(n+1)=3m+n+3$，因此，该算法的空间复杂度也是 $O(n+m)$。

4.4 本 章 小 结

Adleman 教授解决的七个顶点的哈密尔顿路问题 DNA 计算模型、欧阳颀的最大团问题 DNA 计算模型，以及第 3 章中我们构建的图着色计算模型都是利用线性 DNA 分子进行计算的。虽然，DNA 计算具有强大的存储力及并行性，但是仍然存在存储空间及试管数呈指数增长的障碍。也就是说，在解决组合优化中的 NP-完全问题时，随着顶点规模的增大，DNA 计算中的初始解空间及试管数的指数爆炸问题无法克服。

(1) 为了解决线性 DNA 分子计算模型存在天然的劣势，在本章中首先提出了一种基于环形 DNA 分子的求解 n 个顶点图的最大团的新算法。该算法利用环形 DNA 分子的特性，克服了线性分子间的重组，极大地减少了实验操作中所需的试管数，从而减少了计算的空间复杂度。利用暴力 (brute force，BF) 算法，求解一个具有 n 个节点的最大团问题，计算所需空间为 $2n$ 个试管。然而，利用本章的算法，计算的时间和空间复杂度均为 $O(m+n)$，其中，在搜索最大团的操作中，只需 $n+1$ 个试管。另外，为了提高 DNA 计算机的存储能力，本章中构建了部分初始解空间。在以往大多数工作中，初始解空间中包含了代表所有数据的每个 DNA 分子，在一个 1.5mL 的试管中，以微摩尔量级的浓度计算，最多可以解决 35 个节点的问题。然而，利用本书中构建的数据库，存储分子所需的空间极大地缩小。而且，随着问题复杂性的增加，所需的初始解空间还会更小。依据这种初始数据库构建方法,一个具有 50 个节点的 NP 完全问题有望在一个 1.5mL 的试管中被解决。

本章提出的 DNA 计算模型的特点在于使用了环形 ssDNA 分子。这种分子与质粒 DNA 不同,是人工合成的单链 DNA,它的编码可以根据实验需要设计;而质粒 DNA 是天然存在的环形 dsDNA,编码不能随意更改。其次,在生化实验中,对于质粒 DNA 分子的操作,必须受到内切酶种类和数量的限制;而环形 ssDNA 分子操作上更简便、灵活,不受内切酶效率的影响。另外,以环形 DNA 分子作为模板,可以进行反向 PCR 扩增。与线性 DNA 分子扩增相比,环形分子扩增后的产物不会发生重组,可以在任意一处需要搜索的地方进行 PCR 操作。因此,实验中的扩增产物不需要每步都进行分管操作,这样,所需的试管数目随之极大减少。

尽管该模型具有以上优点,但在具体实验中,依然存在以下两个重要方面需要注意。①引物设计。由于本实验中用到反向 PCR,大多数引物既要作为上游引物,又要作为下游引物(如 r_{5x} 在反向 PCR 中作为上游引物,而在半巢氏 PCR 中则作为下游引物),所以引物设计的条件比以往实验中的条件更为严格。②环化效率。它决定着问题的解是否能准确地被筛选出来。在本章中,我们利用了一种高效率的环化酶,在这种酶的催化作用下,线性或环形双体及多体均不被产生。正是基于环化酶的这种性质,从而确保了本实验快速、准确地进行。

根据实验结果,本书中提出的环形 DNA 分子求解最大团的算法不仅预示了 DNA 计算将有可能成为解决 NP 完全问题的有效工具,也为将来建立实用化、自动化的 DNA 计算机奠定了必备的实验基础。

(2)在第一种方法——环形 DNA 分子的基础上,为克服检测技术中存在的不足,将 DNA 分子逐步增长的方法引入 DNA 计算,建立了一种基于环形 DNA 分子增长法求解最大团问题的计算模型。该模型延续了环形 DNA 计算模型的优势,同时利用 DNA 分子逐步增长,使得解的检测在短时间内通过电泳就可快速准确地读出。另外,第二种方法中用到的编码长度不同,放宽了编码的约束条件及具体参数,使编码的设计相对容易。实验结果表明,所得到的编码能够保证生物反应的可靠进行。本章利用该模型成功地对一个小规模的图 G 进行了求解,并通过生物实验进行了验证。

根据实验结果,本章提出的算法主要有以下两个方面的改进。①将 CDLG 方法应用到搜索解的过程中,该方法通过逐渐增加代表解的环形 DNA 链的长度实现,使解的读取不仅更准确快速,而且还实现了自动化操作。②算法复杂度较低。实验结果显示,该算法和其他改进的枚举法相比,有明显的改进,其时间和空间的算法复杂度都为 $O(n+m)$。同时,该算法也适合用于求解其他 NP 问题,如可满足性问题、最大独立集问题和图顶点着色问题等。在下一步的研究中,我们期望构建出基于环形 DNA 分子求解更多 NP 完全问题的通用型计算模型。

第 5 章　基于分子电路的 DNA 计算

DNA 计算在信息处理方面具有高并行、海量信息存取、操控手段丰富、结构多样化等特点，已经成为新型计算机研究开发的热门领域。DNA 计算研究的最终目的是构造出具有巨大并行性的 DNA 计算机。本章详细介绍了分子逻辑电路以及基于纳米颗粒、链置换、自组装技术构建分子逻辑电路的研究工作。

5.1　逻辑电路概述

5.1.1　逻辑电路的简介

DNA 逻辑电路是实现 DNA 数据处理的实际模型与理论依托，同时也是深化 DNA 计算系统复杂度的基础，是构造出具有巨大并行性的 DNA 计算机的基石。与数字电路中的逻辑门概念类似，如果可以用 DNA 分子来分别描述逻辑门、输入和输出信号，进而实现分子水平的逻辑操作，则这样的"门"称为"DNA 逻辑门"，分子逻辑操作的实现过程称为"DNA 逻辑电路"。"DNA 逻辑门"和"DNA 逻辑电路"与传统意义上的逻辑门和逻辑电路所实现的功能一样，区别仅仅在于操作对象不同，一个是 DNA 分子，一个是电信号。

DNA 计算的实现有赖于 DNA 电路的搭建和联通。依据不同的 DNA 操控技术与 DNA 计算需求来搭建适合的 DNA 电路，是实现复杂 DNA 计算的关键所在。为此，本章介绍了基于纳米颗粒、链置换级联效应、链置换催化放大、纳米自组装等多种 DNA 纳米技术的 DNA 电路，分别介绍它们的概念、发展历史、实际应用等。

按实现机理及手段可将目前 DNA 电路分为几大类：基于各种纳米结构的 DNA 电路、基于 DNA 链置换的 DNA 电路、基于自组装的 DNA 电路。本章在阐述 DNA 电路的基础知识后，对 DNA 电路的研究与发展进行以下阐述：5.2 节介绍基于纳米颗粒的逻辑电路；5.3 节介绍基于链置换的分子逻辑电路；5.4 节介绍基于自组装技术的分子逻辑电路。最后总结归纳 DNA 电路领域的当前研究热点及发展前景，为即将出现的更加先进的 DNA 电路奠定基础。

5.1.2　DNA 逻辑电路的物质基础

脱氧核糖核酸(DNA)是生物遗传的物质基础。DNA 由 4 种碱基(A，T，G 和 C)组合而成，且具有高度的特异性，即 A 只能与 T，G 只能与 C 结合。这种特异性的作用是 DNA 可用于构建逻辑门的基础之一。关于分子逻辑电路的几个重要约定如下：①在分子计算中，逻辑输入和输出都是 DNA 分子，为使杂交过程能够顺利执行，要求输入信号是逻辑门链的补链，两条链是互补链，可相互退火得到；②用逻辑"0"和逻辑"1"表示分子逻辑状态；③正逻辑和负逻辑，若用"1"表示 DNA 双链，用"0"表示 DNA 单链，这是正逻辑体制；若用"0"表示 DNA 双链，用"1"表示 DNA 单链，这是负逻辑体制；同一分子逻辑电路可用正逻辑，也可用负逻辑，但不同的体制，所表达的同一分子逻辑电路的功能是不同的。

5.1.3　DNA 逻辑电路的基础实验操作

DNA 逻辑电路的操作属于 DNA 计算的操作，主要是为了实现 DNA 链的合成、解链、退火、分离、混合、添加、剪切、连接、设置、清除、复制、检测与读取，其中，读取又包括长度的读取与 DNA 序列的具体碱基构成的测序。具体来说，涉及的生物化学实验操作技术如下。合成(synthesizing)：通过 DNA 合成技术(一般采用固相亚磷酰胺三脂法)合成制定的 DNA 序列；解链(melting)：升高溶液的温度，破坏 DNA 双链结构，形成两条单链；退火(annealing)：降低溶液反应温度，使得两条互补的单链在碱基配对原则下形成稳定的双链；分离(separation)：对于长度存在显著差异的 DNA 链，可以采用凝胶电泳的方式进行分离；对于碱基序列存在显著差异的 DNA 链，可以采取亲和层析的技术进行分离；混合(merge)：将两个试管内具有不同特征的 DNA 序列放入到同一个试管内，并摇匀；添加(append)：在 DNA 链的 3′端添加新的碱基；剪切(splicing)：利用外切酶和限制性内切酶实现对 DNA 序列的特异性切割；连接(ligation)：在 DNA 连接酶的作用下，消耗 ATP 或 NAD 水解产生的能量,催化 DNA 链的 5-PQ4 基团与另一 DNA 链的 3-OH 生成磷酸二酯键；设置(set)：将试管中所有 DNA 链某一位置对应的值全部变成"1"，这一操作由加入对应位置的互补片段使其杂交成为双链来实现；清除(clear)：将试管中所有 DNA 链某一位置对应的值全部变成"0"，这一操作通过加热使得双链解链为单链来实现；复制(amplification)：采用 PCR 技术，在引物与酶的催化作用下，以双链 DNA 的其中一条为模板进行复制；检测(detection)：通过亲和层析和凝胶电泳的方法，检测溶液中是否存在目的片段；读取(read)：在大量复制之后，利用凝胶电泳的方法确定序列的长度；或者通过 DNA 测序技术，读取 DNA 链的具体碱基序列。

5.1.4 DNA 逻辑电路的发展

在逻辑电路方面，1994 年，Arkin 和 Ross 用酶建模了基本组合逻辑功能，如与、或、异或，而且还用真实的分子实验证实其模型。2004 年，Benenson 调研了分子生物计算领域，并指出该领域未来会设计并构造更为复杂的计算机器，包括通用有限自动机、栈自动机，最终实现图灵机。在此基础上，2008 年，Xu 提出了一种分子图灵机模型，该图灵机主体部分用一个环状 DNA 分子来表示。2009年，Cheng 和 Riedel 提出了一些精妙的方法，如仅用两个化学反应实现"与"逻辑。同年，Luca 等提出了一种实现具有正反馈机制的生物振荡器方法。2010 年，钱璐璐等利用 DNA 聚合酶衬底开展了有效的通用图灵计算。2011 年，Qian 和 Winfree 所提出的跷跷板电路，给出了通过 DNA 分子实现简单组合逻辑功能的方法，就其设计方法而言，不仅需要读者精通生物学与工程学，其设计还十分依赖传统电子电路架构。同年，Franco 等用 Kim 和 Winfree 所提的合成生化振荡器，研究了其负载能力。同样在 2011 年，Jiang 基于红绿蓝"RGB"三色同步策略机制给出了初步的信号同步策略以及异步策略，并以此为基础实现了简单数字信号处理系统的实例，包括数字滤波器、快速傅里叶变换处理单元以及二进制计数器。2013 年，明尼苏达大学的学者提出了用双稳态反应合成四种输入逻辑的方法，即与门、或门、非门、异或门，并以此为基础给出了基于上述基本输入逻辑门的一般组合逻辑级联设计方法。2016 年，东京大学的研究人员利用两类 DNA 链置换级联反应实现了图灵机。

5.1.5 DNA 逻辑电路的意义

自从 20 世纪 40 年代起，冯·诺依曼规定了电子计算由运算器、控制器、存储器、输入和输出设备构成以来，不仅计算机技术得到飞跃发展，更奠定了现代电子计算机的基本结构。众所周知，采用二进制运算的计算机其运行依靠着电子器件之间相互作用产生的数字逻辑电路。逻辑门就是数字逻辑电路的基本单元。电子器件作为计算机的构成单元，经历了电子管、晶体管、集成电路、大规模及超大规模集成电路的阶段。然而作为基本器件的半导体晶体管的发展趋于纳米化带来的问题使其作为电子计算机的电子器件越来越受到限制。计算机性能的不断提升取决于微处理器电路集成化程度。近年来，集成电路技术一直向更小尺寸、高密集单位体积封装的方向发展。然而，伴随着芯片尺寸的不断缩小，制造难度加大、安全系数降低、功率消耗增加等一系列问题开始显现。根据量子力学原理，硅芯片中线宽在低于一定距离后，电子的量子隧道效应将明显增强，预设电路将不再能制约电子。这意味着硅基芯片尺寸存在制造极限。芯片厂商开发高集成硅基芯片的投入在逐年剧增，与此同时，信息化时代对数据处理的要求愈发高涨。但近年硅基芯片计算机性能没有显著提升，其已无法满足需要海量数据处理的要求。随着大数据理论的应用与发展，传统计算机在计算能力、计算稳定性、计算时效性等方面都面临着巨大挑战。

因此，寻求一种新型的纳米材料来逐渐改变目前的困境成为科学家们探索的方向。此时，生命科学领域中 DNA 分子的优异性能进入了科学家的视野，DNA 分子不仅拥有着纳米级的尺度，而且严格的碱基互补配对原则使其在计算时能够稳定并行进行。所以，采用 DNA 这种纳米材料构建分子计算逻辑门以及其他的逻辑组件成为 DNA 计算领域中重要的研究之一。DNA 计算具备得天独厚的优势，其具有海量信息高存储性，以及进行高并行、高特异性运算的计算能力，这使得以分子高并行操控为基础的 DNA 计算具有突破现有计算速度极限的潜质，为实现未来大规模计算提供了思路。DNA 计算近年内发展迅速，不论是在理论分析还是在实际应用中都有重大进展，如在信息存储、信号模拟、分子开关、催化循环、级联放大、基础逻辑门构建、半加器、半减器、全加器、全减器、乘法器、除法器、NP 难题等领域已经取得了代表性的工作进展。同时，DNA 分子独特的天然性质，使得 DNA 信息处理在医疗检测、基因调控、纳米组装等领域也展现出很大的应用价值及发展潜力。

5.2　基于纳米颗粒的逻辑电路

5.2.1　纳米颗粒简介

科学家将 DNA 和纳米结构结合形成逻辑计算模型，DNA 纳米结构作为支架来调节酶和辅因子(或抑制剂)之间的距离。利用限制性核酸内切酶的特异性识别能力及酶活性调节能力，可以构建生物逻辑计算系统。从文献调研的情况可以得知，目前基于纳米颗粒的 DNA 逻辑门还处于发展初期。这种 DNA 计算方法反应条件要求低，运行效率较高，并且检测方便，已经有研究人员注意到性质优异的纳米颗粒，并将其应用在生物计算领域，使其作为信号读取的手段之一，参与逻辑计算模型的设计。

在逻辑计算领域，使用多种技术手段结合来形成复杂的逻辑结构已逐渐成为主流趋势，DNA 因其本身的物理特性、化学特性及兼容性在逻辑计算领域已成为一颗冉冉升起的新星。现在 DNA 逻辑门检测大多采用荧光 DNA 分子信标读取结果。随着 DNA 计算研究的逐渐深入，研究学者希望快速读取大规模的逻辑运算数据，但是荧光信号存在的光谱重叠问题使其在多通路信号输出的读取上存在劣势，难以支撑更大规模的数据读取和处理。因此研究人员需要寻找一种新的手段来支撑大规模计算体系的发展。众所周知，纳米金颗粒拥有独特而优异的光学性质，将这种重要的光学纳米材料引入到计算体系中，必将促进此领域的发展，已经有部分前沿研究探索了这一可能性。在替代方法中，基于纳米金颗粒的强距离依赖的光学性质和高消光技术的均匀比色检测方法已经变得越来越有吸引力。这些方法可以最大限度地减少甚至消除涉及昂贵仪器的复杂分析程序，并且对降低分析物的成本、低容量和快速读数有很大的希望。另外，纳米金是一种具有优异光学性质和表面化学性质的纳米材料，在生物技术和多学科交叉领域的推动下得到了快速的发展。作为一种新型功能纳米材料，纳米金修饰的探针已经在生物领域发挥了重要作用。纳米金颗粒溶液非常稳定均一，且单体纳米金颗粒的表面稳定性也很高，具有较高的电子密度、介电性质和催化作用。金纳米粒子具有极好的生物相容性、良好的化学结合性、极强的等离子体耦合性、焚光淬灭和高导电率，而且具有较大的比表面积，可以很容易地被组装到 DNA 上。因为纳米材料独特的性质，很多研究学者利用纳米材料和 DNA 技术来实现逻辑电路微型化。纳米金颗粒具有聚集效应，当颗粒聚集在一起时，会有显色反应，也就是所谓的光学逻辑门。将 DNA 与纳米金颗粒结合，可以实现对分析物的高速读取，并且降低读取成本。

　　另一种常用于研究的纳米颗粒是荧光半导体量子点，其广泛的光谱吸收范围、光致发光特性、高量子产率、优异的光稳定性和抗化学降解性，使其被广泛应用于生物成像、标记和传感等领域。常用的荧光半导体量子点的排布主要有两种方式：一种是量子点结合在链霉素上，生物素修饰在 DNA 纳米结构上，通过生物素-链霉亲和素的结合，将量子点绑定到纳米结构上，但是通常得到的结构会比较大；另一种方式是将量子点结合到 DNA 单链上，将链接有量子点的 DNA 链结合到 DNA 纳米结构上，这种方式可以得到较高分辨率的发光成像，但是实验步骤比较复杂。有些研究工作则将多种纳米颗粒结合到一个 DNA 纳米结构上，Schreiber 等将金纳米颗粒和量子点结合到 DNA 折纸结构上，通过设计其空间位置证明了相互之间不存在光子相互作用。Samanta 等通过控制修饰的金纳米颗粒和量子点之间的距离，证明了大的金纳米颗粒在特定的距离内可以增强量子点的荧光效应[151]。Iinuma 等将量子点固定到 DNA 多面体的棱角上，可以用于超分辨三维立体成像，其分辨率轻易就达到了纳米级别[152]，如图 5.1 所示。

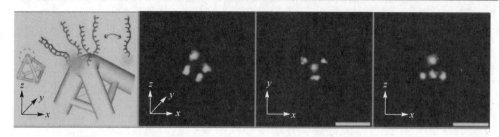

图 5.1　量子点固定到 DNA 多面体的棱角

5.2.2　基于纳米颗粒的逻辑电路的发展

　　1996 年，MirKin 等首次提出利用纳米金颗粒标记核酸。2007 年，Zhao 等结合了生物酶切割技术与纳米金颗粒，设计出一种生物传感器，其结构如图 5.2 所示，当金颗粒发生聚集时溶液比色度与溶液消光度都将发生变化从而检测体系内的生物酶及小分子结构[153]。

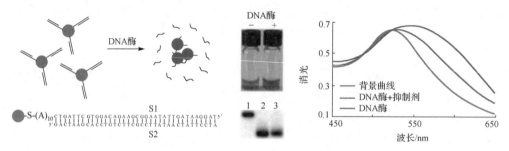

图 5.2　基于纳米金颗粒比色度的生物酶传感器

　　2009 年，Ogawa 将纳米金颗粒独特的光学性质和 DNA 结合，构建了 DNA 比色门，实现了是门、与门、或门的逻辑门结构。2010 年，Zhang 等将核酶与 AuNP 结合，利用 Mg^{2+}、Pb^{2+} 等二价离子调节酶的活性，构建了基于 AuNP 的 DNA 比色逻辑门。2017 年，Kim 等利用改变 pH 值来改变 DNA 纳米笼子结构，系统性的设计出改变酶活性的方法。Song 等利用纳米结构构建了 DNA 逻辑门。Zhang 等利用纳米金颗粒和 DNA 自组装技术构建逻辑计算模型。Bis 利用纳米金颗粒聚集和分散效应及金属离子对生物酶活性的影响构建了 DNA 比色逻辑门。2019 年，Zhang 等为纳米信息的存储提供了一种新的途径，如图 5.3 所示，通过在一维碳纳米管表面连接 DNA 链开发了一种新型管状核酸；不同的 DNA 与一维碳纳米管相互作用将产生不同的构象，而不同的构象之间存在着间距、高度、形状的差异特征。本章将这些差异特性转化为二维编码，成功将纳米构象信息转化为数字信息[154]。

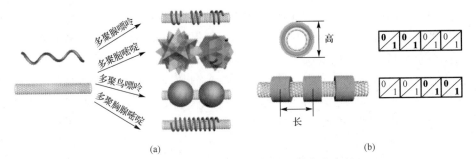

图 5.3　利用管状核酸编码碳纳米管信息存储

纳米金颗粒的特性可以简化对计算结果的读取，虽然纳米金颗粒的体积略微庞大，但其良好的生物相容性和光学特性使其为 DNA 逻辑计算领域提供了更多的可能性，同时也简化了信号检测的手段，如可供目视检测的比色法和支持多通路同时读取的方法。相信在不远的将来，基于纳米金颗粒的 DNA 逻辑门将成为DNA 计算的重要研究方向。

5.2.3　基于纳米颗粒的逻辑电路研究工作

1. 基于纳米颗粒的链置换调控逻辑门

这项工作开发了一种新机制来构建逻辑系统，该机制以 DNA/金纳米颗粒(金颗粒)复合物作为基本工作单元，利用荧光信标探针检测输出信号。为了实现逻辑电路，将自组装 DNA 结构附着到纳米颗粒上以形成荧光信标。在可调节的多级链置换的辅助下，实现了级联逻辑门。本项研究有两个特点：①级联的两级电路，在逻辑门系统中，单链 DNA 用作输入信号，以引发一系列可控制的链置换，随后，荧光信标将被释放的 DNA 链触发；②附着在金颗粒上的自组装 DNA 结构。荧光纳米粒子信标是基于由三个单链DNA 分子组成的自组装 DNA 结构构建而成的，其中两个是经过脱水的。在实验中，通过三种方法检测逻辑运算结果：荧光检测、PAGE 分析和 TEM 图像。这项工作证明了基于荧光纳米粒子信标的级联逻辑系统的可行性，表明了其在 DNA 计算和生物技术中的应用。

该项研究共开发了两个逻辑系统：

①逻辑门 I，由荧光纳米粒子信标组成的基本"与"逻辑门；

②逻辑门 II 和 III，基于线性 DNA 链置换的逻辑门，其基本原理是来自上游逻辑门的输出链作为输入信号触发下游逻辑门。

逻辑门 I 由 A，B，Q 链和 15nm 金颗粒组成(图 5.4(a))。首先，基于碱基互补配对原则，链 A，B 和 Q(在中间用荧光团 Cy3 修饰)杂交形成 DNA 自组装结构。接下来，该纳米结构通过硫醇基团与 15nm 金颗粒连接，形成了荧光纳米粒子信标，构成基本的"与"门。在该逻辑系统中，荧光团在金颗粒附近被淬灭。

但是，当 Q 链移位并与 A 链和 B 链分离时，由于荧光团和金颗粒的分离，荧光强度将迅速恢复(图 5.4(a))。仅当两个输入都保持为 1 时，才能获得 1 的真实输出。在不添加输入信号的情况下，不会产生荧光信号。

在逻辑门 I 的计算过程中，我们使用链 A_{in} 和 B_{in} 作为两个输入链，通过三种方式将特定的输入链添加到逻辑门系统中来实现计算。首先，单独添加输入链 A_{in}，通过特异性识别链 A_{in} 的末端延长部分，链 A_{in} 仅置换了链 Q 的一部分区域，所以荧光团和金颗粒之间没有分离，因此没有产生明显的荧光信号(图 5.4(b)中第一列)；同理，如果单独添加输入链 B_{in}，则链 Q 会逐渐被置换。但是，由于链 Q 仍然与链 A_{in} 杂交，所以链 Q 仍然附着在金颗粒上，没有明的荧光恢复(图 5.4(b)中第二列)。因此，单独添加 A_{in} 或 B_{in} 输入链都不会导致荧光强度的大幅增加。然而，将 DNA 链 A_{in} 和 B_{in} 同时添加到 I 门之后，A_{in} 和 B_{in} 链合作完全释放了 Q 链，由于荧光团与金颗粒的空间分离，观察到了明显的荧光信号(图 5.4(b)中第三列)。在实验中，由于信号链之间的串扰，反应中会产生一些荧光泄漏。

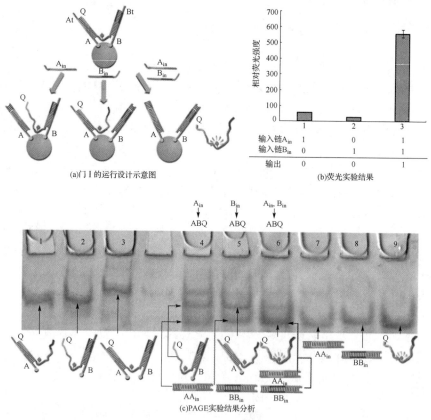

(a)门 I 的运行设计示意图

(b)荧光实验结果

(c)PAGE实验结果分析

图 5.4 基本分子"与"逻辑门 I (见彩图)

逻辑门 I 的计算结果通过传统的 PAGE 结果检测（图 5.4(c)）。基于 DNA 链置换原则，当添加输入链 A_{in} 或 B_{in} 或同时添加两者时，它将产生不同的输出链。如预期所料，仅在输入状态为(1，1)时，链 Q 被完全释放，结果显示在泳道 6。如泳道 4 和泳道 5 所示，两个输入中只有一个状态为 1 时，Q 链仅被部分释放。实验结果表明，在分子水平上可以正确执行逻辑门 I 的计算。

为了验证通过链置换调节荧光纳米粒子信标门的可行性，我们建立了两层逻辑门 II，其中，两个"是"门和一个逻辑门 I 通过两层输入级联（图 5.5(a)），即两个上游的"是"门首先产生输出信号链，该输出链诱发下游的"与"门。其基本计算过程是，输入链 D_{in} 和 C_{in} 分别作为第一层两个"是"门的输入，通过计算分别生成了输出链 A_{in} 和 B_{in}，这两条链作为下游第二层"与"门的输入。另外，在分步链置换的过程中还产生了两种废物 DD_{in} 和 CC_{in}。对于下游的"与"门，只有来自上游门的 A_{in} 和 B_{in} 链同时存在时，才能获得"真"的结果。

最初，构建逻辑门 II 的溶液由两个底物 $A_{in}D$、$B_{in}C$ 和荧光信标组成，以上计算可以通过三种方式实现（图 5.5(a)）。①当将链 D_{in} 添加到门 II 的溶液中时，它通过识别链 D 的末端延长部分逐渐置换链 A_{in}，此时释放的输出链 A_{in} 触发了下游的"与"门，并且没有产生明显的荧光信号（图 5.5(b)中第一列）。②当添加链 C_{in}（识别链 C 的末端）时，将链 B_{in} 释放成为"与"门的输入，触发下游逻辑门的计算，在此过程中，也没有明显的荧光信号（图 5.5(b)中第二列）。③最后，当同时添加了输入链 C_{in} 和 D_{in} 时，产生了输出链 A_{in} 和 B_{in}，同时触发了下游逻辑门，此时荧光信号显著恢复（图 5.5(b)中第三列）。

通过 PAGE 分析进一步验证逻辑门 II 的荧光检测结果。加入链 D_{in} 时，置换产物为 DD_{in}、AA_{in} 和 BQ（图 5.5(c)中第 9 道），而链 Q 没有释放；添加链 C_{in} 时，链 Q 仍未释放（图 5.5(c)中第 8 道）；当同时添加了输入 C_{in} 和 D_{in} 时，链 Q 被完全释放（图 5.5(c)中第 7 道）。显而易见，PAGE 结果与荧光检测结果一致。

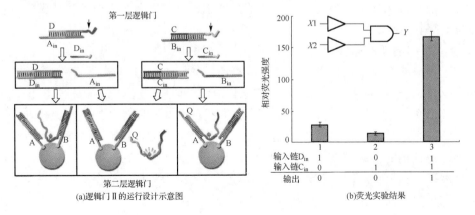

(a)逻辑门 II 的运行设计示意图　　　　　　　　(b)荧光实验结果

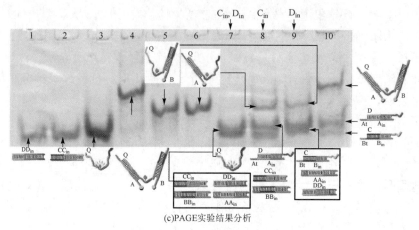

(c)PAGE实验结果分析

图 5.5　两层分子逻辑门Ⅱ（见彩图）

　　为了演示该系统的可扩展性和模块化，三个逻辑"与"门级联成另一个两层逻辑门Ⅲ。该电路在第一层接受四个输入：（At1$_{in}$，At2$_{in}$）和（Bt1$_{in}$，Bt2$_{in}$），并产生两个输出：A$_{in}$ 和 B$_{in}$，分别用作第二层的两个输入（图 5.6(a)）。从实验结果来看，仅添加（At1$_{in}$，At2$_{in}$）或（Bt1$_{in}$，Bt2$_{in}$）均不能诱导显著的荧光信号增强（图 5.6(b)中第二列和第三列），此结果同样通过 PAGE 凝胶分析得到了证实（图 5.6(b)）。当同时添加四个输入 At1$_{in}$，Bt1$_{in}$，At2$_{in}$，Bt2$_{in}$ 时，释放的输出链 A$_{in}$ 和 B$_{in}$ 完全置换了荧光纳米粒子信标链 Q，正如预期的那样，产生了明显的荧光信号增强（图 5.6(b)中第一列）。以类似的方式，将输入链的另外四个组合应用于此电路，有趣的是，原则上，只有将所有四条链 At1$_{in}$，Bt1$_{in}$，At2$_{in}$，Bt2$_{in}$ 同时输入时，链 A$_{in}$ 和 B$_{in}$ 才会被释放。但是，在实际的实验中，当添加四个输入链中的任意两个时，会产生荧光泄漏（图 5.6(b)），可能因为链 A$_{in}$ 和 B$_{in}$ 和输入链发生置换反应之后产生的新暴露区域使它们的末端（At1 和 Bt1）更加活跃，增加了触发下游门的可能性。添加链 At1$_{in}$ 和 Bt1$_{in}$ 时产生的泄漏比添加其他输入组合时产生的泄漏大得多（图 5.6(b)中第六列），可能是因为与添加其他输入组合时相比，由添加链 At1$_{in}$ 和 Bt1$_{in}$ 引起的新暴露区域更靠近末端区域 At 和 Bt。

　　金颗粒的组装结构还可用于进一步验证逻辑门Ⅰ的结果。在该实验中，将 5nm 的金颗粒与链 A$_{in}$ 或 B$_{in}$ 连接形成复合物Ⅱ，将一个 15nm 的复合物Ⅰ 与 5nm 的复合物Ⅱ杂交（图 5.7）。通过 TEM 检测，所获得的金颗粒簇是预期的二聚体和三聚体，这些产物是从电泳凝胶中纯化出来的。此外，我们在实验中观察到了许多其他不符合预期的金颗粒结构。这种现象可能是由以下原因造成的：①TEM 格栅的干燥效果；②频带分离不完全；③结构掩盖（小的纳米颗粒可能会被电子束遮挡）；④TEM 的不同视角；⑤凝胶纯化的常规操作。

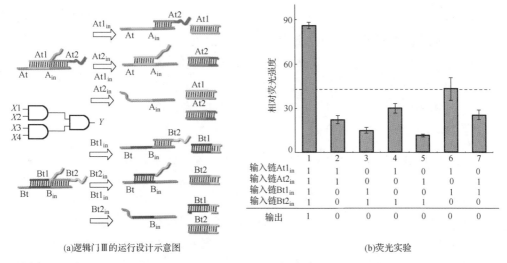

(a)逻辑门Ⅲ的运行设计示意图　　　　　　　　　(b)荧光实验

图 5.6　两层分子逻辑门Ⅲ

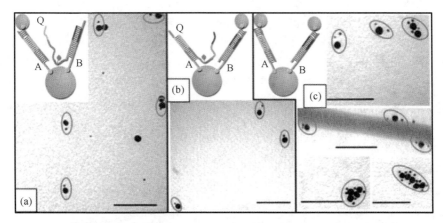

图 5.7　(a)和(b)是 TEM 下的金颗粒二聚体；(c)是三聚体

　　总之，该研究开发了一种机制，该机制利用可控链置换来实现基于荧光纳米粒子信标的两层逻辑门。这项研究的主要动机不仅在于通过复杂的 DNA 组装结构构建荧光纳米粒子信标，而且还在于建立可控级联的分子检测系统。通过使用自组装 DNA/金颗粒共轭物作为基本工作单元，执行基本的逻辑门Ⅰ操作，通过荧光信号、PAGE 凝胶分析和 TEM 图像这三种方法可以轻松检测计算结果。此外，在多级链位移的辅助下，建立了两层级联逻辑电路Ⅱ和Ⅲ，由线性 DNA 链门（上游）和基本的"与"逻辑门（下游）组成。最后组装的金颗粒簇提供了形成纳米粒子信标结构的直接证据。

　　尽管这项工作中的 DNA 序列是精心设计的，但是在实验操作过程中仍然存在一些缺陷，如在多级闸门操作过程中观察到泄漏。可能的原因是级联层之间复杂的调节关系，其中暴露的末端区域起着至关重要的作用，因此，在未来的研究中应改进 DNA 设计。预期这项工作将为研究人员在分子水平上进行其他复杂逻辑门设计提供实验基础，它也可能有助于分子计算和 DNA 纳米技术的发展。

　　2. 基于纳米颗粒的"开/关"逻辑电路

　　在这项研究中，我们设计了由硫醇化 DNA 输入链触发的逻辑转换分子信标（molecular beacon，MB）。在 MB 系统中，"开/关"切换功能会影响相应的荧光增量，其中 DNA 发夹 B 和 Bs 发挥各自触发信号的作用（图 5.8）。在"ON"状态下，用不含硫醇的发夹 B 处理，所有 DNA 输入均可特异性地引起荧光信号的增加，且没有任何阻碍。在"OFF"状态下，用硫醇化发夹 Bs 处理后，触发的荧光增量会被大大抑制。在该系统中，硫醇化的 DNA 可以作为转换控制器参与调节 DNA 输入触发的荧光增量。

　　在第一个开关 MB α 模式中，发夹 B 或 Bs 与硫醇化链 A 杂交，并且该 DNA 组装结构可以附着在金颗粒的表面。根据发夹是否被硫醇化，该组装结构呈现了两种不同的状态，MB α-B 上的组装结构（"ON"状态）保持"站立"状态（图 5.8(a)），而 MB α-Bs 上的组装结构（"OFF"状态）发生了略微改变，呈"躺倒"状态（图 5.8(b)），因为发夹 Bs 不仅与 DNA 链 A 杂交而且通过硫醇基团连接附着在金颗粒上。杂交使荧光团（在 DNA C-F 上标记）进入金颗粒表面附近，从而导致明显的淬灭作用。

　　对于"ON"状态，将两个 DNA 输入信号 D 和 C-z 添加到 MB α-B 的溶液中。在存在信号 D 的情况下，发夹 B 和 C-F 的装配结构可能会离开金颗粒，从而导致荧光信号增加。此外，添加输入信号 C-z 可以通过与发夹 B 的更长的互补杂交区域将荧光 DNA C-F 完全置换掉，从而也导致荧光信号的增加。对于"OFF"状态，添加输入信号 C-z 也会导致荧光增加。但是当添加信号 D 时，尽管置换发生在发夹 Bs 和链 A 之间，但荧光信号并没有明显增加，这是因为硫醇基团与发夹 Bs 的另一端连接导致荧光团仍然在金颗粒附近。因此，在"OFF"状态下，当添加信号 D 时，应该对荧光增加产生明显的抑制作用。换句话说，在逻辑 MB α 中，可以通过添加无硫醇的 DNA（"ON"）或硫醇化的 DNA（"OFF"）来实现信号 D 的开关功能。注意：①将荧光增量归一化为 $I=\Delta F/F_0$，其中，F_0 是初始状态下不增加输入链的荧光强度；ΔF 是荧光的增量，通过重复三次实验获得的平均值；②通过比较相对值 $Q=I_{input}/I_{max}$ 来判断开关抑制效果，其中，I_{max} 是通过输入信号 C-z 发生完全置换而获得的荧光增量，I_{input} 是通过输入 D 或 G 而获得的荧光增量。

如图 5.8(d)所示，在"ON"状态下，在存在信号 D 和 C-z 的情况下，可以观察到几乎相同的荧光增强，分别为 $I_1 = 97.6\%$ 和 $I_2 = 95\%$ ($Q_1 = 1.02：1$)。但是，在"OFF"状态下，来自信号 D 的荧光增量($I_3 = 84.3\%$)远小于来自 C-z 的完全置换的荧光增量($I_4 = 163.5\%$)($Q_2 = 0.52：1$)。与 Q_1 的值相比，Q_2 的大幅降低可能表明在"OFF"状态下存在抑制作用。

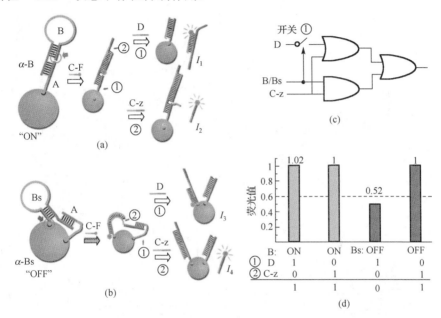

图 5.8　(a)"ON"状态 α-B 反应示意图；(b)"OFF"状态 α-Bs 反应示意图；
(c)转换 MB 的 α 模式对应的逻辑电路；(d)荧光增量结果

为了进一步测试该转换系统是否可以扩展到双转换系统，我们设计了第二种转换 MB，即 β 模式，其引入了一个能够识别输入链 G 的附加置换位点(图 5.9)。在这种模式下，DNA 组装结构由三条链组成，分别为 AD、AC 和发夹 B/Bs，与荧光 DNA C-F 杂交后，MB 可通过三个输入信号 D、G 和 C-z 触发。对于"ON"状态(带有发夹 B)，在存在输入信号 D 或 G 的情况下，荧光 DNA 将与金颗粒解离，从而导致荧光信号增加；另一方面，带有发夹 Bs 的 MB 系统呈"OFF"状态，此时发夹 Bs 的巯基和金颗粒连接在一起，此时无论是否输入 D 或 G，荧光 DNA 仍将附着在金颗粒的表面上，对荧光增强产生显著的抑制作用。

在图 5.9 中可以看出，在"ON"状态下，三个输入信号 D、G 和 C-z 的加入使荧光效率分别提高了 58.8%，53% 和 55.9%($Q3 = 1.05：0.95：1$)，这三者之间几乎没有观察到差异。而在"OFF"状态下，加入输入信号 D 和 G 时的荧光增量分别为 39.2% 和 39.2%，远低于加入输入信号 C-z 时的荧光增量 104.1%($Q4 =$

0.38∶0.38∶1）。$Q3$ 和 $Q4$ 对比的结果表明，硫醇化 DNA 信号对荧光增加有明显的抑制作用。尽管如此，添加输入链时荧光仍然有增加现象，这表明除了硫醇化的发夹 Bs 和金颗粒之间的连接外还存在其他的连接。

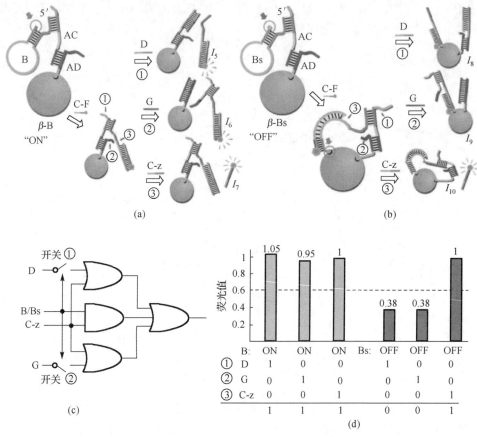

图 5.9　(a)"ON"状态 β-B 反应示意图；(b)"OFF"状态 β-Bs 反应示意图；
(c)转换 MB 的 β 模式对应的逻辑电路；(d)开关状态各对应的荧光结果

　　为了探索由硫醇基附着引起的抑制作用的更多细节，最重要的是结构变化影响附着效率的情况，我们提出了如图 5.10 所示的两种不同的连接方式，它们的末端分别是"平"端和"突"端。这里利用两种发夹结构 Bs 和 B1s 形成两个系统：MB β-Bs 和 MB β-B1s。在"突"末端的情况下，硫基与灵活的单链 DNA 臂连接，这是有利于连接的结构。在"平"末端的情况下，尽管巯基能够暴露出来与金颗粒的表面相互作用，但"平"末端的空间障碍仍可能阻碍巯基的附着。

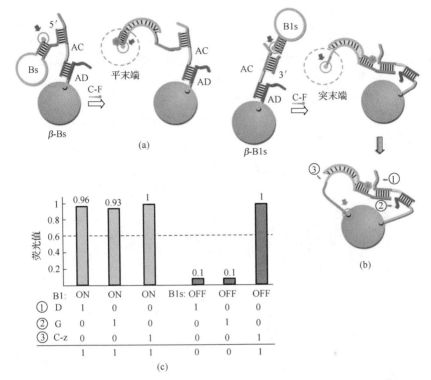

图 5.10　(a)"平"末端连接示意图；(b)"突"末端连接示意图；(c)两种连接的荧光增量

　　当使用柔性的"突出"臂时，在"OFF"状态下，添加输入信号 D、G 和 C-z 导致的荧光增量分别为 57.7%、56.1% 和 60.03%($Q5 = 0.96 : 0.93 : 1$)。在"ON"状态下，实验数据为 20.37%、20.23% 和 203.13%($Q6 = 0.1 : 0.1 : 1$)。比较 $Q4 = 0.38 : 0.38 : 1$ 和 $Q6 = 0.1 : 0.1 : 1$，不难看出，使用"突"端比使用"平"端具有更大的抑制作用。这种现象可能是因为，尽管"平"端硫醇基团位于金颗粒附近，但由于强烈的空间障碍，它们很难附着在金颗粒的表面上，所以，通过加入输入信号 D 和 G 引起的位移将导致荧光团和金颗粒之间的分离，并产生一些荧光增量。但是，对于"突"末端，几乎所有的硫醇基团都倾向于附着在金颗粒上，从而产生显著的抑制作用，因此与使用"平"末端相比，此时添加输入信号 D 和 G 导致的荧光增量少得多。

　　在这项工作中，可以通过比较单功能复合物的 MB β 结构来确定添加输入 DNA 的触发过程。通过添加不同的 DNA 组装结构：AD，AD + AC，AD + AC + B1 和 AD+AC+B1s，生成了具有不同的凝胶电泳速度的相应缀合物，如图 5.11(a) 所示。正如预期的那样，随着 DNA 装配结构的复杂性增加，结合产物的带移动更缓慢。有趣的是，我们使用 DNA 分支迁移研究了单功能化的缀合物 MB β-B1,

并举例说明了凝胶中的置换产物(图 5.11(b))。作为比较,通过添加链 D(泳道 3)和 G(泳道 4)来置换 MB β-B 并纯化,置换产物凝胶运行速度的提高表明 DNA 结构离开了金颗粒。另外,我们采用了组装离散的金颗粒簇的方法来测试发夹 B1 凸起的 DNA 环是否可以提供用于进一步检测的结合位点,加入 5nm 多价共轭物 B1NP 与发夹 B1 协同杂交,导致金纳米颗粒的二聚体形成,其直径不对称,分别为 5nm 和 15nm(图 5.11(c))。在这些实验中,我们证明了单功能团 MB β 是一种结构良好的结合物,它包含一个独特的杂交位点和两个用于链置换的末端触发区域。

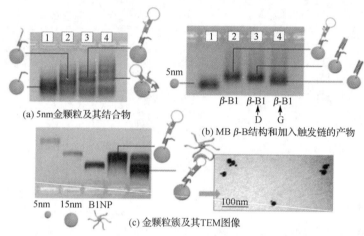

(a) 5nm金颗粒及其结合物

(b) MB β-B结构和加入触发链的产物

(c) 金颗粒簇及其TEM图像

图 5.11　MB β 模式下单功能结合物的结构比较

在本项研究中,我们介绍了一个由硫醇化 DNA 输入信号控制的逻辑 MB 系统,该系统可以实现分子开关功能。尽管"OFF"状态不能完全抑制荧光信号的增强,但是荧光的明显下降仍然足以证明其有效的开关功能。通过引入更多的识别区域,可以通过同时添加两个输入来实现开关功能。这项研究代表了硫醇化 DNA 的结构和功能方面的结合可以同时用作特定的转换控制器和结合桥。在这项工作中报告的策略还可以用于构建更复杂的分子逻辑系统,作为逻辑开关信标的硫醇化 DNA 将提供独特的优势和功能。此外,该逻辑开关信标还可以与其他纳米设备集成在一起进行分子检测和监视。

3. 在 DNA 折纸上动态排列金纳米颗粒构建分子逻辑门

在这项研究中,我们构建了一个基于金颗粒在矩形 DNA 折纸上排列的逻辑系统,其中金颗粒可以响应特定的 DNA 信号并从 DNA 折纸中选择性地动态释放。在计算过程中,通过专门控制金颗粒在 DNA 折纸上的附着来实现逻辑运算。基于这种策略,通过在 DNA 折纸上排列两种类型的金颗粒(5nm 和 15nm)的位置来建立"或"和"与"逻辑门。此外,通过利用金颗粒二聚体之间的内部连接,还构建了复杂的三输入多数门，证明了逻辑门良好的可扩展性和复杂性。

图 5.12(a)是采用罗特蒙德方法设计的一个矩形 DNA 折纸-1，其尺寸为 90nm×60nm×2nm，它由约 7000 个碱基的环形 M13 单链 DNA 和 202 条短钉链组成。折纸表面延伸出来的辅助链上设计有三个金颗粒捕获位置，分别指定为 a1、b1 和 c1，此外，通过用硫醇化互补 DNA 链 a1′、b1′、c1′修饰金颗粒，制备了三种类型的 DNA/金颗粒共轭物，即 NP-A、NP-B 和 NP-C，分别对应的金颗粒直径为 15nm、5nm 和 5nm。在初始状态下，折纸 1 与一个 15nm NP-A 和一个 5nm NP-B 及一个 5nm NP-C 杂交，如图 5.12(a)所示。然后，通过凝胶电泳分析组装的金颗粒/折纸产物Ⅰ(图 5.12(b)中泳道 2)。由于金颗粒的附着，产物Ⅰ的条带的移动性小于矩形的折纸 1(图 5.12(b)中泳道 1)。

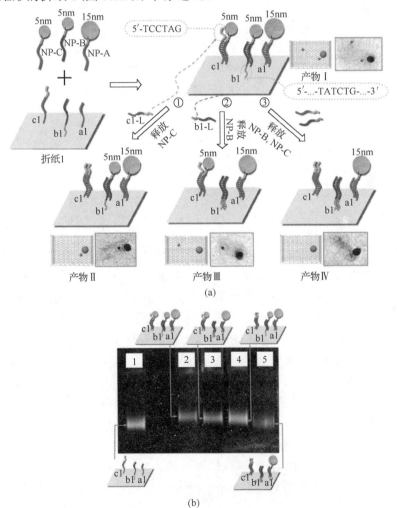

(a)

(b)

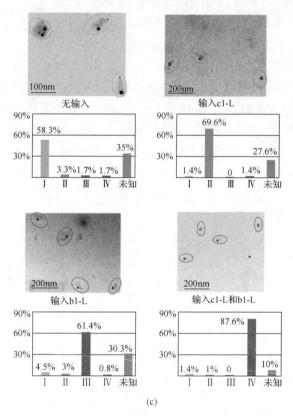

(c)

图 5.12　(a)"或"逻辑系统示意；(b)凝胶电泳分析；(c)TEM 图像和统计分析

在该计算系统中，逻辑操作是通过 DNA 链置换在折纸表面选择性地释放金颗粒来实现的。在"或"门中，将 NP-B 和 NP-C 设计为潜在的释放目标，并引入 NP-A 作为结构参考。在此，将 DNA 输入链 b1-L 和 c1-L 设计为识别辅助链 b1 和 c1 的末端延长部分，并可以分别优先置换 b1′ 和 c1′ 链，从而导致 NP-B 或 NP-释放。当任意一个金颗粒从折纸 1 上解离时都表示输出结果为真。首先，引入链 c1-L 以触发 NP-C 从产物 I 中释放（图 5.12(a)中①）。链置换后，在折纸 1 上只附着了 NP-A 和 NP-B，此时生成了新产物 II，凝胶结果表明产物 II 的迁移率略高于产物 I（图 5.12(b)中泳道 4）。其次，在链 b1-L 存在的情况下（图 5.12(a)中②），NP-B 可能被完全置换，而 NP-A 和 NP-C 保留在折纸表面上，此时生成产物 III。从凝胶结果来看，产物 III 的迁移率与产物 II 的迁移率相似，因为两种产品的折纸附着了相同数量的金颗粒（图 5.12(b)中泳道 3，4）。最后，当同时添加 b1-L 和 c1-L 时，NP-B 和 NP-C 都被释放，只有 NP-A 保留在折纸上生成了产物 IV，（图 5.12(a)中③）。凝胶结果表明，产品 IV 的迁移率高于产物 II 和 III（图 5.12(b)

中泳道 5)。此外,对所有金颗粒/折纸产物进一步纯化后进行 TEM 分析,通过统计计数,产物 I,Ⅱ,Ⅲ和Ⅳ的产率分别约为 58.3%,69.6%,61.4%和 87.6%(图 5.12(c))。TEM 结果很好地证明了 DNA 折纸中金颗粒的选择性释放。

　　除"或"门外,该研究还构建了一个"与"逻辑系统(图 5.13),仅在同时输入 d1-L 和 e1-L 后才释放单个金颗粒,且折纸 2 上任意金颗粒的解离表示输出为真。根据上述方法,对矩形的折纸 2 进行了组装和纯化,在该设计中,两条硫醇化的 DNA 链 d1′和 e1′同时以 1∶1∶1 的摩尔比连接到一个 5nm 金颗粒上,以生成 NP-DE 结合物,结合物 NP-DE-1 可以通过 d1′/e1′链和辅助链 d1/e1 之间的杂交与折纸 2 连接。此外,15nm 共轭 NP-A 附着在折纸上作为位置标记。在实验中,将结合物 NP-DE-1 和 NP-A 与折纸 2 以 1∶30 的浓度比混合,并从 40℃退火至室温,生成带有 15nm 和 5nm 结合物的产物 V(图 5.13(a))。

　　该"与"逻辑系统的计算过程如下,首先,加入输入链 d1-L,由于 d1-L 和 d1′相比于 d1 具有更长的互补杂交区域,所以它能够与产物 V 反应,但是由于 d1-L 只能置换 d1′链,而 e1′和 e1 的杂交仍然存在,所以 NP-DE-1 共轭物并未与折纸 2 分离(图 5.13(a))。图 5.13(b)泳道 3 中代表置换产物的谱带显示出与泳道 2 中产物 V 大致相同的迁移率,表明纳米颗粒和折纸 2 之间未出现任何分离,证实了我们的实验设计。同样地,输入链 e1-L 只能置换 5nm 金颗粒上的链 e1′,而不会导致 NP-DE-1 共轭物和折纸 2 的分离,因为 d1′和 d1 之间的杂交仍然存在。图 5.13(b)泳道 4 中显示的凝胶结果也证实纳米颗粒和折纸 2 之间没有分离,所以无论单独输入 d1-L 还是 e1-L,都不会从折纸上释放 5nm 金颗粒。但是,当同时输入 d1-L 和 e1-L 时,在链 d1′/e1′和辅助链 d1/e1 之间都发生链置换,从而导致 NP-DE-1 结合物从折纸 2 上释放。

　　除凝胶电泳外,TEM 图像也验证了"与"逻辑门的操作。在初始状态下,从凝胶带中纯化了产物 V,TEM 结果显示 15nm 和 5nm 颗粒与折纸 2 组装在一起(图 5.13(c))。在输入链 d1-L 或 e1-L 单独存在的情况下,纳米粒子的排列与产物 V 的排列相同,在同时输入了 d1-L 和 e1-L 的情况下,5nm 金颗粒从折纸 2 上成功分离,如图 5.13(c)的 TEM 图像所示,该目标结构的产率约为 70%。

　　尽管图 5.13(b)中第 5 泳道的置换产物Ⅳ的迁移率略高于第 2 泳道的产物 V,但差异并不明显。为了进一步验证"与"逻辑门的计算,我们设计生成了另一个金颗粒/折纸组合物Ⅵ,其中,DNA 折纸通过链 d1′/e1′和辅助链 d1/e1 的杂交与单个 15nm 金颗粒连接(NP-DE-2)(图 5.13(d)中泳道 1)。显然,单独加入 d1-L 或 e1-L 不会引起 15nm 金颗粒的解离(图 5.13(d)中泳道 2 和 3)。当同时输入 d1-L 和 e1-L 时,金颗粒会被释放,图 5.13(d)的第 4 泳道中产物Ⅵ的条带的消失很好地证明了 15nm 的金颗粒确实已从 DNA 折纸上除去。

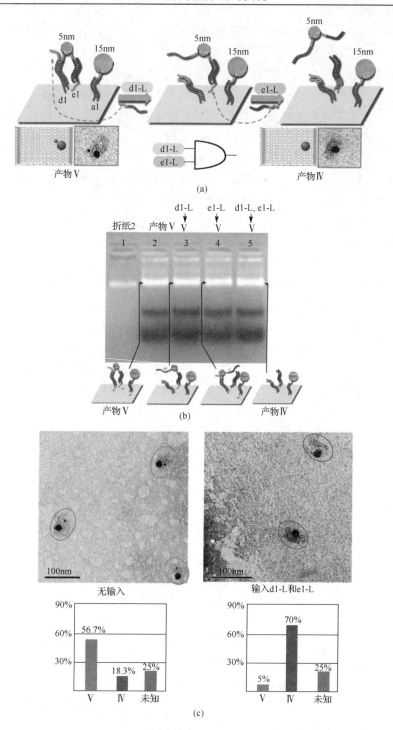

产物 V

产物 IV

(a)

折纸2　产物 V　d1-L　e1-L　d1-L, e1-L

1　2　3　4　5

产物 V　(b)　产物 IV

100nm　无输入

100nm　输入d1-L和e1-L

(c)

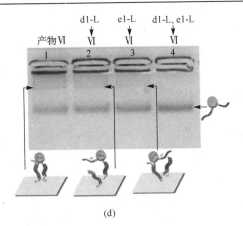

(d)

图 5.13 (a)"与"逻辑系统示意图;(b)使用 NP-DE-1 时的凝胶电泳分析;
(c)TEM 图像以及统计分析;(d)使用 NP-DE-2 时的凝胶电泳分析

为了探究该系统用于大规模逻辑操作的能力,基于三个输入链 f1-L、g1-L 和 T-L 构建了一个三输入多"与"逻辑门。如图 5.14(a)所示,NP-M(15nm)用两条硫醇化链 f1′和 T1 以 1∶1∶1 的比例进行了单修饰,NP-N(15nm)用另外两条硫醇化链 g1′和 T2 进行修饰,比率为 1∶1∶1。然后,这两种金颗粒共轭物被一层硫醇化的聚 5T 单链 DNA 钝化。在存在桥接链 T(与链 T1 和 T2 互补)的情况下,NP-M 和 NP-N 可以杂交以产生二聚体结构 NP-T。图 5.14(b)的凝胶电泳显示,泳道 1 中代表 NP-T 的条带与泳道 2 和泳道 3 中任何其他 NP 的条带相比具有较慢的迁移速度。将纯化所得的 NP-T 产物与折纸 3 以 1∶30 的比例混合在室温下放置 8 小时,通过 f1/f1′和 g1/g1′之间的链杂交反应,两者会结合在一起生成杂交产物Ⅶ,产物Ⅶ作为初始逻辑门实现三输入运算。

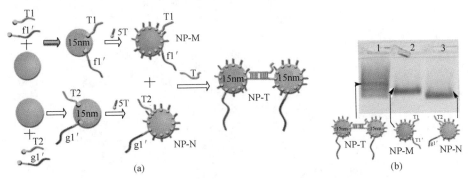

图 5.14 (a)NP-T 的形成示意图;(b)金颗粒二聚体的凝胶电泳分析

该三输入逻辑系统使用三个独特的输入链(T-L,f1-L 和 g1-L)通过链置换反应释放产物Ⅶ上的金颗粒,从折纸 3 上解离任意一个金颗粒表示输出为真。所以对于此三输入多数门，如果引入任何两个或所有输入链，则输出为真。首先，在只有一个输入信号（如 f1-L）存在的情况下，链 f1-L 可以识别链 f1，从而引发置换反应（图 5.15(a) 中③），但是没有金颗粒会从折纸 3 上释放，这种情况下，从 TEM 图像中仍然可以清晰地观察到折纸上的一对金颗粒（图 5.15(b)）。此外，图 5.15(c) 中泳道 4 中的条带显示出与泳道 3 中的产物Ⅶ相同的迁移率，同样表明没有金颗粒解离。因此，仅添加一个输入链不会引起金颗粒解离，其计算结果是假。

　　然后，当同时引入任意两个输入信号（如 T-L 和 g1-L）时，链 T-L 和 g1-L 可以分别识别链 T 和 g1′，从而触发纳米颗粒 NP-N 和折纸 3 的分离（图 5.15(a) 中①②）。从凝胶结果来看，置换产物Ⅷ的条带比产物Ⅶ的条带稍快（图 5.15(c) 中泳道 5；图 5.15(d) 中泳道 3），因为在产物Ⅷ上仅存在一个金颗粒，而在产物Ⅶ上仍存在两个金颗粒。如图 5.15(b) 中的 TEM 图像所示，产物Ⅷ的结构是单个 15nm 金颗粒与单个 DNA 折纸相连的结构，产率约为 87%。同理，输入链的其他两个组合（T-L/f1-L 和 f1-L/g1-L）也可以实现此门。

　　最后，在所有三个输入都存在的情况下（图 5.15(a) 中①②③），链条 T-L、f1-L 和 g1-L 可以分别识别链条 T、f1′ 和 g1′，从而导致所有金颗粒与折纸解离。凝胶结果显示，先前结构的条带消失了，表明两个金颗粒已从折纸上完全释放（图 5.15(d) 中第 4 道）。

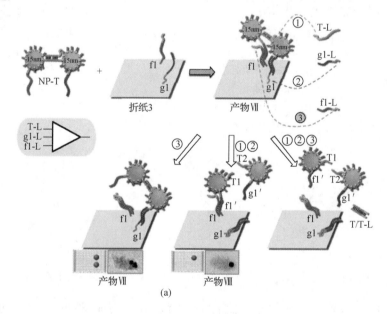

(a)

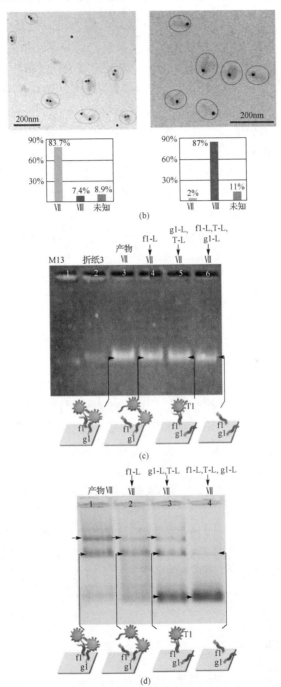

图 5.15　(a)三输入"与"逻辑系统示意图；(b)产物Ⅶ和Ⅷ的 TEM 图像及统计分析；
(c)UV 照射下的凝胶电泳；(d)凝胶电泳结果图像

　　总而言之，我们成功开发了一种可编程策略，可以选择性地动态控制矩形 DNA 折纸上的特定金颗粒，并且扩展了此策略，建立了一系列 DNA 逻辑门(或，与，三输入多数门)，可以通过添加 DNA 输入链来进行逻辑运算，通过凝胶电泳和 TEM 图像证实了设计的可行性。这些逻辑门的操作为构建复杂的分子电路和纳米器件提供了一种有希望的方法。此系统具有以下几个特征：①金颗粒的位置不仅通过静态杂交来调节，而且还基于多输入的动态和协同控制；②通过直接观察金颗粒和 DNA 折纸的特定位置可以获得操作结果；③通过在一个纳米颗粒上修饰特定的单功能化 DNA，在金颗粒二聚体之间建立了信号内联系，从而证明了精心设计的控件可以实现金颗粒/折纸系统的动态结构排列。通过与各种各样的纳米工程策略集成，该方法还可用于组装大型可编程结构，并为灵敏地检测各种分子构象铺平了道路。因此，我们预计该策略在生物传感和分子工程中具有潜在的应用。

5.3　基于链置换的分子逻辑电路

5.3.1　链置换简介

　　DNA 链置换反应是支端分支迁移和链置换反应的缩写。DNA 链置换反应被视为物理实现复杂计算和行为的技术手段。DNA 链置换反应可以级联，也就是说一个反应的输出可以看成是下一级反应的输入。这一级联特性使得 DNA 链置换反应能够不断扩展，并实现更为复杂的行为。除了寿命有限以及耗时长，预测核酸杂交以及链置换动力学揭示了对 DNA 链置换反应可进行人为控制。这种控制经测试观察，通过改变支点的强度(DNA 链的序列组成和长度)，可以对链置换反应的速率定量控制达 106 倍。

　　DNA 链置换技术具有自发性、并行性、可编程性、动态级联性的特点，DNA 链置换技术在 DNA 计算发展历史上占据重要的地位。DNA 链置换反应的动力来源于碱基互补配对产生的分子间作用力，对外界环境要求不高可在室温下自发进行，且具有动态级联的特性。DNA 链置换技术通常与自组装、荧光信号标记等结合应用于 DNA 逻辑门。

5.3.2　基于链置换的分子逻辑电路的发展

　　2011 年，Qian 介绍了一种可用于大规模级联 DNA 复杂电路的 DNA 逻辑门的结构，利用 DNA 链置换技术与神经网络分别构造了一种猜心术网络和模式识别网络的 DNA 数字分子电路。利用 DNA 链置换反应不仅可以实现数字计算而且可以实现模拟计算，构造 DNA 分子电路不仅可以实现加、减、乘、除模拟算术运算，而且还能够实现方程的根的求解问题。2012 年，Zhang 等采用 DNA 链置换技术设计了与、或基本逻辑运算，并通过设计实验证明了其模型设计的正确性。2013 年，Dong 等首次尝试了将 DNA 链置换反应与荧光标记反应结合在一起，设计了 DNA 计算模型实现了运筹学中的 0-1 问题，提高了运算的正确性与灵敏性。同年，Li 等利用生物实验的手段构建了环形 DNA 链，基于 DNA 链置换反应构造了三输入与门及三输入或门，并构建了五输入与或电路。2014 年，Wang 等简述了 DNA 链置换技术在纳米机器人、逻辑运算门、化学反应网络等方面的研究，并设计仿真了半加、全加、编码器分子电路，证明了 DNA 链置换技术在 DNA 计算方面的潜能。2015 年，Yin 等利用 DNA 链置换与荧光标记的思想，成功的设计了非、与、与非、或、或非的逻辑操作运算。2016 年，Sawlekar 等利用 DNA 链置换反应实现了非线性负反馈控制器。同年，Song 等基于 DNA 链置换技术实现了加法、减法、乘法的基础数学运算，并成功的构造了指数函数及两元二次函数。2017 年，Zhang 等设计出了基于 DNA 链置换反应原理的四位模拟计算，实现了加法、减法、乘法以及除法的基本运算。同年，Fern 等基于 DNA 链置换反应机制，设计出了延迟时间可调控的定时器分子电路，该定时器电路可以与当前的许多分子系统相结合，这表明定时器电路在指定的时间内激活复杂的信息处理任务方面存在巨大的潜能。2018 年，Zhang 等研究了基于 DNA 链置换的可逆双分子化学反应类型，设计了降解、催化、湮灭和同步反应模块，与理想反应模块进行比较，并以 Lotka-Volterra 振荡器为例分析相对反应速率，证明了这些反应模块的有效性，最后使用任意化学反应网络来模拟和预测两个 Lotka-Volterra 振荡器之间的同步。seesaw 门也叫跷跷板逻辑门，是由钱璐璐教授开发的一种逻辑门，为了简化描述，跷跷板逻辑门被抽象为节点的一种形式，并且在节点上有几条线可以连接其他节点，包括扇出门、放大门、整合门、与门、或门以及报道门。

5.3.3　基于链置换的分子逻辑电路常用工具

日益重要的序列设计推动了与其相关的自动化软件的发展，如软件 DSD (DNA strand displacement)。经验上，为了实现最大的序列空间会有最小的干扰 (crosstalk)，一般来说只用碱基 {A, T, C} 来设计输入和输出链，因为 G 被认为是最混乱的核苷酸，它强大的碱基配对能力会引发最多的错配。更重要的是，一个可以被进一步利用的显著特点是用化学反应网络来编程 DNA 链置换反应，使用化学反应网络作为一个可编程语言能够使得复杂的设计过程更为灵活。由核酸构成的分子装置显示出从生物传感到智能纳米医疗等各种应用的巨大潜力。它们允许计算在分子尺度上进行，而且还可以直接与生命系统的分子组件产生相互作用。

它们在细胞内形成稳定的结构，并且它们的相互作用可以通过改变它们的核苷酸序列来精确控制。然而，由于高系统复杂度和系统分子间可能出现的非理想干扰，设计正确和稳定的核酸装置面临诸多挑战。为解决这些挑战，微软研究人员开发了 DSD 工具，这是一种用于设计和仿真 DNA 计算设备的编程语言。该语言使用 DNA 链置换反应为主要计算机制，完全遵从核酸规律。该 DSD 软件允许在一个方便的基于网络的图形界面上用 DNA 链置换进行快速样机研究和计算器件分析。此外，该软件还提供确定性仿真和随机仿真，基于连续时间马尔科夫链的构造和各种能被第三方工具分析建模的输出格式，DSD 被视为开发 DNA 链置换设计和分析工具的第一步，利用该软件可以帮助设计人员更好地将形式化学反应网络映射到真实的 DNA 反应中去。

seesaw 逻辑与门以及 seesaw 逻辑或门构建所需要的分子逻辑电路，可以使用 seesaw compiler（http://www.qianlab.caltech.edu/SeesawCompiler/）和 Visual DSD 软件（https://dsd.azurewebsites.net/beta/）对电路进行编译及仿真分析。

5.3.4　基于链置换级联效应的 DNA 电路

级联效应指在一系列具有空间及时间连续性的事件中，事件之间存在相互激发作用的一种交互效应。在计算机领域内，建立复杂的运算模型需要调用大量的简单模型，并且需要在简单模型之间、简单模型与复杂模型之间建立良好的信息传递渠道。DNA 分子依靠碱基之间的氢键和碱基的堆叠力保持整体结构的稳定，而当 DNA 分子处在不同层级的稳定状态中时，随着时间的推进将逐步倾向于最为稳定的结构，在此过程中发生 DNA 链置换现象，其中最为稳定的 DNA 互补结构将取代较为不稳定的互补结构。DNA 分子的这种朝向最稳定结构发展的特性使得针对 DNA 分子的级联反应成为可能。DNA 分子通过链置换的方式触发级联效应，逐级触发不同层级的反应，在概念上实现了自产生触发器的分层计算。

2006 年，Seeling 等基于电子电路模块化的思维，通过链置换机理设计了多种使用单链核酸作为输入与输出的基础分子电路。2007 年，Venkataraman 等受到病菌的启发，利用 DNA 链置换效应设计了一种可以在溶液中进行纳米自动传输的分子马达。2011 年，Qian 等基于神经网络中神经元结构是构成整体神经网络的基本构件，完整的神经网络在构建好神经元结构后通过神经元之间相互连接即可达到运算功能的这一特性，利用 DNA 链置换级联效应与能级效应搭建了以 DNA 分子为物理基础的神经元及神经网络结构，设计了具备多输入多输出的 DNA 分子神经网络[155]。如图 5.16（a）所示，神经元由起到阈值功能的立足点、起到输出功能的门输出、起到输入功能的输入端、起到引导反应产生可逆效应的燃料

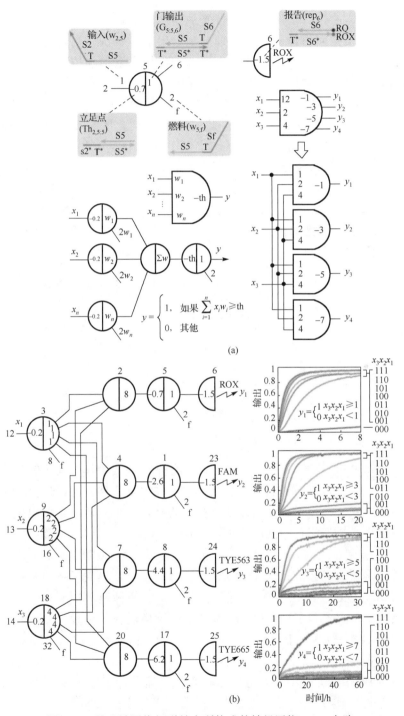

图 5.16　基于链置换级联效应所构成的神经网络 DNA 电路

与起到信号表达的报告端所组成。首先由输入端输入到系统内与立足点发生链置换反应达到模拟阈值计算的作用来控制输出信号范围。当立足点被消耗殆尽后再由输入端与门输出产生链置换反应输出，报告端接收传递至此的输出产生荧光信号，至此完整的模拟了单个神经元的计算流程，之后由神经元之间发生的链置换产生级联效应而构建出如图 5.16(b) 所示的完整神经网络结构。

2011 年，Qian 等利用可逆链置换原理，设计了具备阈值、催化与信号恢复功能的多层 DNA 电路，实现了二进制下的求数据方根功能[30]。基于以上原理，2018 年，Cherry 等以神经元结构为基础设计了 winner-take-all 型神经网络，实现了以 DNA 分子为基础的数字模式识别功能。如图 5.17 所示，其中每一个图案都由 20 个不同的 DNA 分子所组成，这些 DNA 分子从代表图案信息的 DNA 中被挑选出来追踪手写数字 1 到 9 中的一个，成功地对手写数字图案进行了分类[156]。

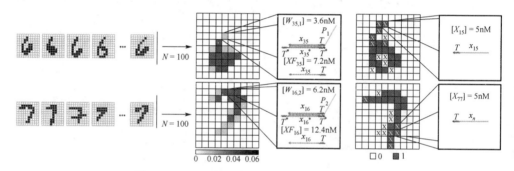

图 5.17　DNA 电路实现神经网络手写文字识别

2019 年，Song 等在 *Nature Nanotechnology* 上发表的链置换级联反应，利用生物酶构建了一个以基础逻辑门为模块的多层 DNA 电路，可以计算二进制中的四位输入平方根。与之前的链置换级联反应设计不同的是，文章采用聚合酶触发链置换来实现基础逻辑门（AND，OR），不仅大大降低了由 DNA 链种类繁多造成的高系统复杂度，也在很大程度上解决了在级联反应中的信号泄露与信号恢复速度缓慢问题。为高效和准确的大规模多层 DNA 电路提供了新的发展方向。如图 5.18 所示，OR 与 AND 逻辑门都包含两种门与两种输入，输入与门的杂交作为整体反应的开始，以 DNA 聚合酶为产生链置换反应的手段，实现了基础逻辑门（OR、AND）。当输入不符合逻辑要求时，输出信号响应极低，有效抑制了信号泄露，同时荧光反应在数十分钟内就具有较高表现，相较于之前的研究大大缩短了反应所需时间。基于上述原理，通过合理设计多输入多输出结构的多层分子电路结构，实现了一个二进制下四位数求平方根函数[157]。

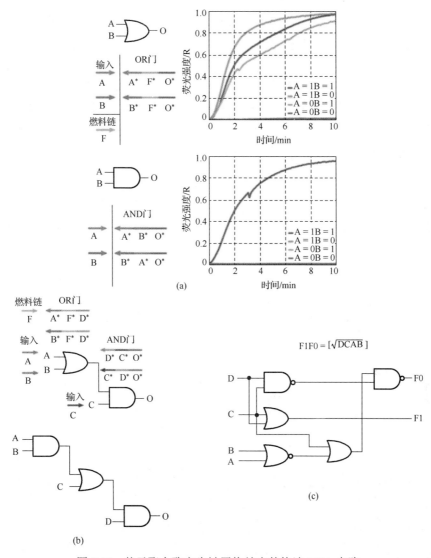

图 5.18　基于聚合酶产生链置换效应的快速 DNA 电路

5.3.5　基于链置换催化效应的 DNA 电路

在普通的 DNA 链置换过程中，输入 DNA 链在过程中不断被消耗，在反应末期生成以输入 DNA 链为组成部分的无效 DNA 双链，输入 DNA 链在反应过程中无法重复利用，导致反应效率被输入 DNA 链的量所限制。如果在 DNA 链置换过程中输入 DNA 链能够被循环使用，则整体反应效率将大大提升，释放大量输出链与中间产物，在此反应中输入 DNA 链不仅起到输入功能也起到部分催化功能。

2006 年，Seelig 等设计了 DNA 链置换的催化反应，利用燃料链和颈环结构，相较于普通的非催化 DNA 链置换反应，该反应的催化效率提升了将近 5000 倍。2007年，Zhang 等发表在 *Science* 的链置换催化回路，如图 5.19 所示，利用催化链 C、催化底物 S、燃料链 F，在循环反应中不断生成输出链 OB、信号链 SB、无用链 W，中间产物因催化链 C 可以在反应中被不断重复利用，信号链 SB 与输出链 OB 被不断放大从而产生较强的催化效果[29]。此催化过程具有使用 DNA 链种类少、催化效果强、催化效率高、无泄漏的优势。如图 5.20 所示，在 2008 年，Zhang 等在此基础之上，将颈环结构引入催化反应中[158]。

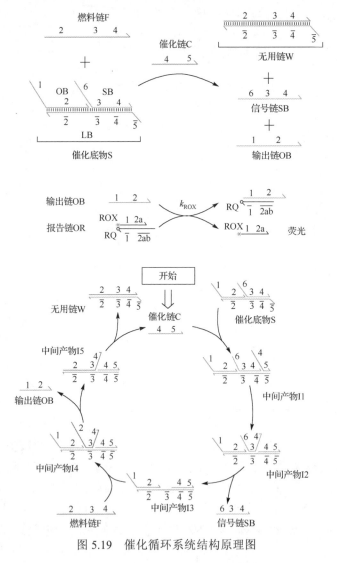

图 5.19　催化循环系统结构原理图

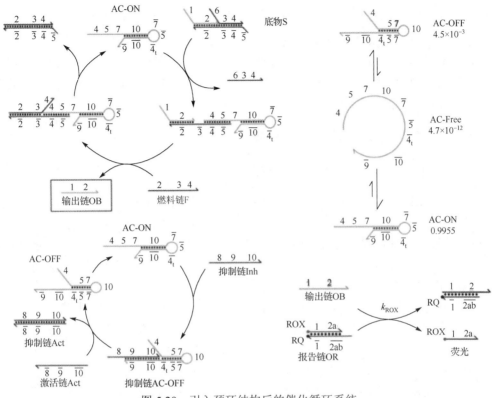

图 5.20　引入颈环结构后的催化循环系统

2019 年，Zhang 等设计出以蛋白酶酶切为动力的双催化可循环 DNA 电路系统。如图 5.21 所示，本实验的核心在于设计形成了一个可被蛋白酶识别的双链结

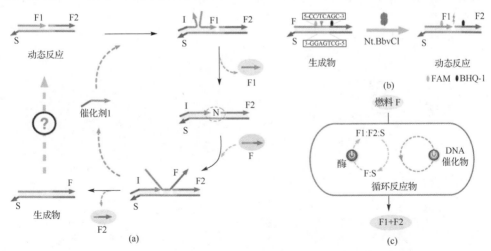

图 5.21　基于熵驱动和酶催化的可循环 DNA 电路

构生成物，当循环过程中生成物生成后，通过在生成物双链结构中设计可被蛋白酶识别的双链序列来切割特定位点来激活生成物从而使其能继续参与催化过程。相较之前的链置换催化反应，原本在循环中产生的无法继续发挥催化作用的双链结构因为蛋白酶的酶切反应不仅没有产生无用的链反而在被激活后参与下一次循环来增强催化作用[77]。

5.3.6　基于链置换的分子逻辑电路研究工作

1. 基于双环 DNA 构建顺序逻辑门

在这项研究中，使用两个环状 DNA 结构实现了 DNA 顺序逻辑门。与先前的仅响应组合输入的逻辑电路相比，我们的逻辑检测考虑了对 DNA 信号的顺序处理，以识别"前后"的时间顺序。该项研究通过荧光输出来区分具有不同处理顺序的三个触发途径，通过"开环"机制调节双环 DNA 的构型。最后还构建了由"互锁"的双环 DNA 引导的可控纳米粒子排列。

在这里，一个可切换的双环 DNA 作为实现顺序逻辑操作的基本单元，并控制了两个 DNA 环的间隔。图 5.22 描述了双环 DNA 产物 C 的设计与合成方法。首先，为了组装双环 DNA，将两个单链 DNA 分子 A 和 B 通过 12 个碱基的互补区域杂交形成 A + B，然后，在单链 DNA A1 和 B1 存在的情况下，结构 A + B 与它们杂交以产生双环 DNA。因为 12 个碱基略大于一圈 DNA 双螺旋的长度(10.5 个碱基)，所以这种杂交可产生两种产物：互锁产物 C1 和非互锁产物 C2。值得注意的是，当形成双环 DNA 产物 C 时，产物 C1 和 C2 可以同时产生并且不容易分离。不过可以通过分别构建 DNA 环 A + A1 和 B + B1，然后将预先形成的环混合在一起来生成产物 C2。

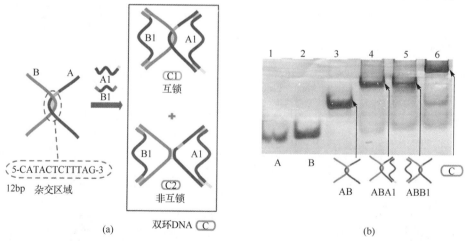

图 5.22　(a)双环 DNA 产物 C 的设计与合成；(b)双环产物合成过程的 PAGE 凝胶(见彩图)

　　值得注意的是，在链 A 的中部设计了一个特定的末端延长区域(在图 5.22(a)中标记为黄色)以识别单链 DNA 输入 Ad(图 5.23(a))。从能量角度来说，由于 Ad 和链 A 之间 18 bp 的杂交区域比 A 和 B 之间 12bp 的杂交区域长，所以 Ad 和 A 更容易杂交，因此加入 Ad 将导致链 A 和 B 之间的分解。但是对于 C1 的"互锁"拓扑结构的物理连接，单独添加 Ad 不会导致两个 DNA 环之间的分离。对于"非互锁"产物 C2，单独添加 Ad 足以将两个环分开。另外，为了实现"开环"机制，在链 A1 的 5′端还设计了另一个特定的末端延长区域(在图 5.22(a)中用绿色标记)，以打开 DNA 环 A + A1。这样的话，仅通过添加单链 Ad 和 A1d，C1 和 C2 的两个结构都会被破坏，两个 DNA 环将被分离。

　　为了实现顺序逻辑运算，首先通过 PAGE 凝胶测试双环 DNA，如图 5.23(b)和图 5.23(c)所示。当未添加任何输入信号时，如图 5.23(b)泳道 3 所示，双环产物 C 的凝胶条带表明其结构与我们的设计一致。通过将 Ad 添加到产物 C 中，产物 C1 被转化为中间状态的产物 S1，如图 5.23(b)泳道 5 所示(迁移速度与泳道 3 中的产物 C 相同)；产物 C2 则完全分离成两个单环 DNA(泳道 5 中的两个凝胶带，由红色和蓝色箭头指示)。同样，通过将 A1d 加入到产物 C 中，打开 A + A1 环，两个 DNA 环由于它们之间的杂交而无法彼此分开。最后，当同时输入 A1d 和 Ad 时，产物 C1 和 C2 完全分离，初始产物 C 的凝胶带消失(泳道 7)。

　　作为对照实验，我们还通过输入 Ad 和 A1d 触发链来研究非互锁的双环 DNA 产物 C2(图 5.23(b))。比较图 5.23(b)中泳道 3 和 4 的凝胶带强度，可以看出产物 C2 的产率远低于产物 C1 的产率，因为大量的 A + A1 和 B + B1 呈单环未连接状态，产生这种情况的原因可能是，环的预杂交双链区域以及环结构的刚性极大地阻止了两个环绑定过程的灵活转向。在存在 Ad 的情况下，产物 C2 的凝胶条带几乎完全消失，如图 5.23(b)第 6 道所示。这些结果清楚地表明，产物 C1 和 C2 之间的微小拓扑差异可导致链置换过程中双环 DNA 构型的明显差异。另外，为了更好地显示 PAGE 结果，我们分别用 HEX(hexachloro fluorescein)(粉色)和 FAM(carboxy fluorescein)(绿色)荧光修饰了链 B 和 Ad，如图 5.23(c)所示。

　　在检测顺序逻辑结果时，使用了灵敏的荧光猝灭剂方法。如图 5.24(a)所示，猝灭剂 BHQ 和荧光团 HEX 分别在 DNA 链 A 和 B 的中间修饰。当通过 12 个碱基杂交生成产物 C 时，由于猝灭剂和荧光团之间的距离很近，链 A 上的荧光团 HEX 被猝灭。首先，用输入链 Ad 处理产物 C 将直接导致杂交区域的链置换。然后产物 C2 的两个环将被直接分离并且将相应地观察到荧光增量(1st FI)。同时，对于产物 C1，尽管两个环被互锁而不杂交，但是由于相对邻近，荧光团仍然被 BHQ 猝灭。其次，当用两个输入链 Ad 和 A1d 连续处理产物 C 时，首先会观察到荧光增量(1st FI)，然后在加入 A1d 后又产生另一个荧光增量(2nd FI)，这是由于中间产物 S1 的双环分离。

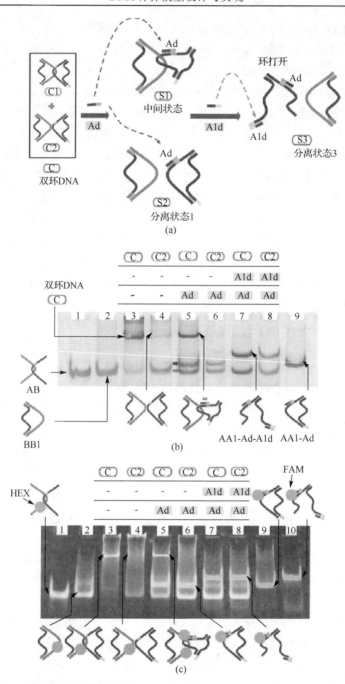

图 5.23　(a)通过链置换分离双环的过程；(b)链置换过程的 PAGE 凝胶结果；
(c)荧光链进行链置换的 PAGE 凝胶结果(见彩图)

　　这里，使用三个具有不同加链顺序的触发路径来实现顺序逻辑运算(图 5.24(c))，如路径 1：Ad→A1d(蓝线)，路径 2：Ad→TAE 缓冲区(绿线)和路径 3：A1d→Ad(红线)。在路径 1 中，首先将输入链 Ad 加到产物 C 中，产生了明显的荧光增量(1st FI)，显然，第一层荧光增量的产生主要是由产物 C2 的链置换引起的，该产物是非互锁结构，两个 DNA 环可以容易地分开。此时，C1 的双环通过物理互锁连接在一起生成了中间状态 S1。然后，在第二条输入链 A1d 加入之后，相应地检测到另一个显著的荧光增量(2nd FI)，这里第二层荧光增量的产生归因于开环机理导致 S1 的荧光团和猝灭剂的完全分离。

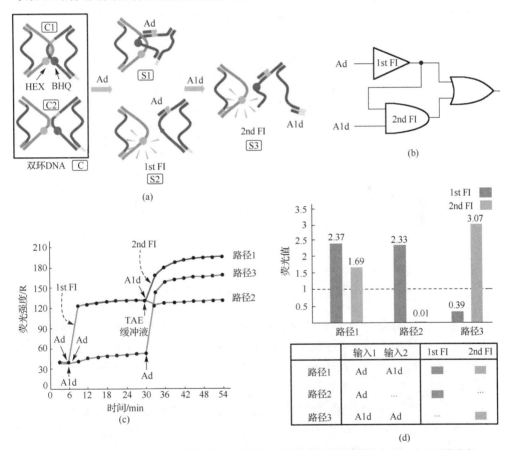

图 5.24　(a)两层荧光信号增加原理示意图；(b)顺序检测的逻辑电路；(c)三种路径
对应的荧光结果；(d)荧光结果的统计分析(见彩图)

　　在路径 2 中，第一次添加 Ad 与在路径 1 中类似，触发了第一层荧光增加。而接着添加 TAE 缓冲液则无法诱导任何明显的荧光增加。相反，对于路径 3，第一次添加 A1d 不能诱导任何明显的荧光增加。仅在添加 Ad 后，才能检测到快速增加的荧光信号(图 5.24(c),红线),表明两个环之间完全解离。图 5.24(d)总结了三种路径所对应的荧光结果,尽管路径 1 和 3 具有相同的 Ad 和 A1d 输入,但仍可以根据特定的荧光结果轻松区分它们。

另一方面,为了证明第二层荧光增量是否确实由中间状态 S1 诱导,合成了两个不完整的组装结构 P1 和 P2(图 5.25)。实施触发过程分两个步骤:首先输入 Ad,然后输入 A1d。正如预期的那样,在检测产物 C 时,相应地检测到了第一层荧光增量和第二层荧光增量。但是,在研究 P1 和 P2 时,第一次添加 Ad 会诱导产生明显的第一层荧光,而第二次添加 A1d 则无法触发任何第二层荧光增加。该观察结果进一步证明,如果没有互锁结构的物理连接,就不会产生第二层荧光。

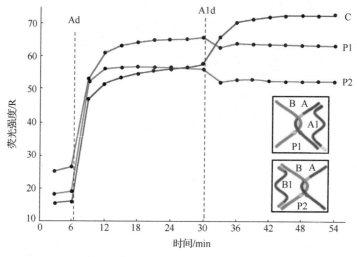

图 5.25　不完整结构 P1 和 P2 的荧光实验结果

为了进一步研究产物 C 的结构,我们构建了金纳米颗粒组装系统。图 5.26(a)中的凝胶结果显示了由 15nm 单功能化缀合物 B 和链 A/A1/B1 逐渐杂交形成的缀合物 M1 的组装设计。从凝胶结果可以清楚地看出,结合产物的凝胶条带的迁移速度逐渐减慢。在该系统中,同时制备了 A1d-NP(10nm 多价金颗粒)和 Adx-NP(5nm 多价金颗粒)的 DNA/金颗粒缀合物,分别包含与输入 A1d 和 Ad 相同的功能 DNA 序列。如图 5.26(b)所示,在存在 10nm A1d-NP 的情况下,A+A1 开环与其杂交,从而形成带有两个 15nm 和 10nm 金纳米颗粒的缀合物 M1-a。从图 5.26(d)泳道 3 的凝胶结果中,很容易看到一个新生成的产物带(见箭头),表示二聚体 M1-a。但是,若仅在结合物 M1 中添加了 Adx-NP,凝胶结果表明几乎没有产生置换产物 M1-b,M1-b 由 10nm 和 5nm 的两个金纳米颗粒组成(图 5.26(d)中泳道 4)。这种现象与 PAGE 凝胶结果不同,后者单独使用 Ad 可以直接导致产物 C2 的两个环分离。可能的原因是，金纳米颗粒之间的强烈排斥作用阻止了互锁的 DNA 在金颗粒簇中发生链置换。

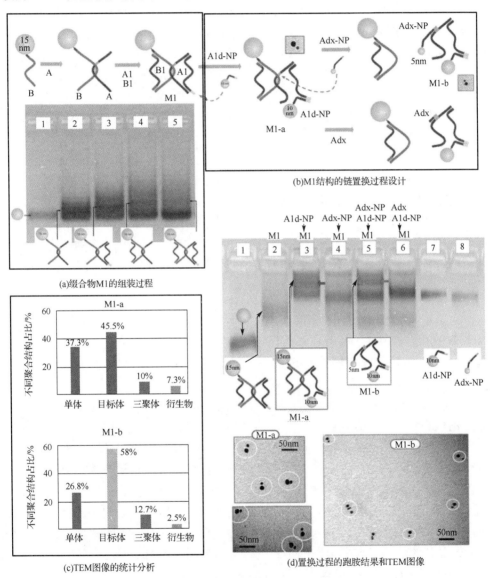

(a)缀合物M1的组装过程

(b)M1结构的链置换过程设计

(c)TEM图像的统计分析

(d)置换过程的跑胺结果和TEM图像

图 5.26　可编程的 DNA/金颗粒缀合物

但是当同时添加 Adx-NP 和 A1d-NP 来触发 M1 共轭物时,会生成新的金颗粒二聚体 M1-b 凝胶带,如图 5.26(d)泳道 5(箭头)所示。为了进行比较,当同时存在 Adx(仅 DNA 链)和 A1d-NP 时,泳道 6 中的二聚体 M1-a 消失,与泳道 5 中的凝胶结果相比，表明 M1-a 的 10nm 和 5nm 金颗粒完全分离。

　　另外，为了确认特定条带中的目标 DNA/金颗粒簇，金颗粒条带的所有产物条带均已纯化并从 TEM 结果中计数。TEM 结果证实了纳米颗粒的配置，如图 5.26(c) 所示。根据图 5.26(c) 的统计分析，二聚体 M1-a 的产量为 45.5%，二聚体 M1-b 的产量为 58%(M1-a 来自 110 个样品，M1-b 来自 157 个样品)。同时，在产生 M1-a 和 M1-b 的过程中还产生了高产率的不想要的单体，分别为 37.3%和 26.8%。靶标结合相对较低的原因可能是：①靶标的纳米颗粒结构复杂；②干燥的碳板；③频带分离不完全；④人工操作。尽管纯化产物的收率不是很高，但统计结果仍然表明了预期结构的产生。

　　综上所示，这项研究使用双环 DNA 建立了 DNA 顺序逻辑门，该环可以识别具有不同触发序列的两个信号。在逻辑运算中，引入了"开环"机制来控制两环 DNA 的完全分离。顺序逻辑门通过 PAGE 凝胶和荧光检测实现。通过比较特定的荧光输出，可以识别 DNA 信号处理中的"顺序效应"。此外，还构建了由两环 DNA 引导的程序化纳米粒子排列。我们预想，最终顺序逻辑门若能与其他传感方法相结合，将在基因工程、诊断和分析的相关领域中具有进一步的潜在应用。

　　2. 由核酶调节的链置换分子逻辑电路

　　在这里，我们开发了一个由 DNA 核酶调控的熵驱动的级联 DNA 逻辑门系统。该系统利用了一种基于共价修饰的调控策略来控制 DNA 回路，结合了两种反应机理：DNA 核酶消解和熵驱动链置换。首先，该电路响应由特定 DNA 核酶催化诱导的构象变化。随后，链置换促进了熵驱动，以进行催化链置换反应。在此过程中，链置换反应将导致新的 DNA 核酶的产生，然后可以将其用作触发下一个下游靶标的输入。在我们的设计中，核酶和 DNA 催化剂交替参与反应，从而实现了级联的催化回路。其中，核酶扮演着两个调节角色，既是输入触发信号，又是输出信号，可以特异性地连接上下游。DNA 催化剂在这里用作未消耗的输入触发器。为了证明基于核酶的调节策略的可行性和可扩展性，构建了一系列逻辑门(是门，或门和与门)，并建立了两层级联电路和反馈自催化逻辑电路，通过天然聚丙烯酰胺凝胶电泳(PAGE)和荧光检测验证了结果。本研究的核酶调控策略作为构建复杂的级联 DNA 电路的可靠可行方法显示出巨大的潜力，该方法可能在分子传感、纳米设备和 DNA 计算中有更多的应用。

　　如图 5.27(a)所示，"是"门(YES 门)由 DNA 链触发以产生核酶(DNAzyme) (DNA→核酶)。该 DNA 核酶被设计为两个独立的部分：链 A 和 B。链 B 最初通过嵌入 DNA 复合物 B(B / B1 / B2)中得到保护，仅当 A 和 B 杂交时，才能产生完整的 DNA 核酶，核酶通过切割底物 BrA 产生荧光信号来报告输出信息。这里

BrA 链的中间区域具有一个核糖核苷酸切割位点(TrAGG),其中,荧光团羧基荧光素(FAM)和淬灭剂 BHQ 的一端均被功能化,核酶切割可使荧光团和淬灭剂分离,从而导致荧光强度增加。在此门中,采用两种催化过程作为熵驱动和核酶催化机制,因此,核酶的结构被设计为两个功能部分:一个结构臂和一个裂解单元(图 5.27(a)),通过熵驱动的 DNA 链置换来控制结构臂的杂交状态。最初复合物 B 和链 A 在溶液中共存而没有反应,该反应仅可在添加催化剂 H1 时触发。触发反应的具体过程为,首先催化剂 H1 可以通过末端的 6 个碱基与 DNA 复合物杂交,从而导致 B2 与复合物解离。然后,在链 B 上产生 4 个碱基长度的新暴露的单链区域,以促进下游链置换。随后,链 A 可以通过 4 个碱基的末端延长部分与链 B 杂交形成活性核酶-1,同时释放 B1 和催化剂 H1。在这种情况下,催化剂 H1 可以多次循环参与反应。最后,形成的核酶-1 可以切断荧光底物 BrA,导致显著的荧光增加。该反应可描绘为图 5.27(b)中的抽象图,其中虚线圆和实心圆分别表示熵驱动的催化作用和核酶催化作用。

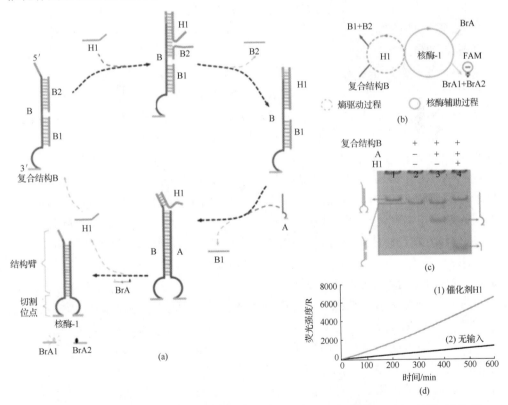

图 5.27 (a)基于核酶调控策略的"是"门;(b)"是"门的抽象图;(c)"是"门反应的 PAGE 结果分析;(d)实时荧光结果分析(见彩图)

PAGE 凝胶电泳和荧光分析证实了"是"门的反应(图 5.27(c)和图 5.27(d))。如图 5.27(c)中的泳道 3 所示,在不添加催化剂 H1 的情况下没有发生链置换反应,因此可以观察到对应于复合物 B 和链 A 的两个单独的条带。但是,在催化剂 H1 的存在下,复合物 B 的条带分解了,产生了一条新的条带为核酶-1(泳道 4)。此外,为了测试催化剂 H1 的信号放大能力,我们设计了通过降低催化剂 H1 的浓度来触发反应的实验进行对照,结果表明,即使以[H1]∶[DNA 复合物] = 1∶6 的低比例也可以发现大量的核酶-1 产生,从而表明 H1 具有高效的催化能力。

荧光信号检测可以实时监控逻辑门的反应。加入催化剂 H1 后观察到荧光信号明显增加(图 5.27(d)中曲线(1)),证明确实发生了基于核酶的调节反应。为了筛选合适的催化剂 H1 的浓度来触发反应,我们还使用一系列不同浓度的催化剂进行了对照实验。实验结果表明,随着 H1 浓度的增加,荧光强度相应增加。经过分析,本实验选择了 $0.1 \sim 0.2 \mu M$ 作为合适的催化剂 H1 浓度。从实验结果来看,曲线 1 的荧光信号增加缓慢。我们将此现象归因于门链的低浓度导致在 10 小时的反应时间内荧光底物 BrA 的消耗不完全。通过增加门链浓度并将反应延长至 16 小时来进行对照实验。实验结果表明,荧光信号在早期时间点有相当快的增长,并迅速达到最高水平。

为了研究构建基于分层核酶调节的电路的可行性,本研究还开发了级联的"是"门,该电路被设计为由一个核酶输入触发并生成另一个核酶。在该系统中,核酶-2(DNAzyme-2)为输入分子,以触发级联的"是"门并产生核酶-1(DNAzyme-1)以诱导荧光强度增加。该系统共使用四种 DNA,分别是 DNA 复合物 B*(核酶的左半部分受链 B*-CrD 保护),A 链(核酶的右半部分),发夹型催化剂 H2 和荧光底物 BrA(图 5.28(a))。值得注意的是,链 B*-CrD 和催化剂 H2 均被设计为在环区的中间包含 TrAGG。因此,添加核酶-2 后,链 B*-CrD 中的切割位点将被切成两段,导致构象变化,从而激活 DNA 复合物 B*。同时,核酶-2 还会切断发夹 H2 的环以释放催化剂 H2*,后者可引发熵驱动的链置换并导致核酶-1 的产生。与上述基本的"是"门相似,催化剂 H2* 可以循环使用多次以参与生成核酶-1 的反应。最后,产生的核酶-1 可以直接切断荧光底物 BrA,以发生显著的荧光增加。反应可以描述为抽象图(图 5.28(b)),其中,虚线圆、实心圆分别代表 H2*、核酶-2 和核酶-1 的催化作用。

为了验证级联的"是"门操作,我们进行了荧光测定和 PAGE 实验。在存在核酶-2 的情况下观察到了明显的荧光信号增加(图 5.28(d)中曲线(1)),而在没有输入核酶-2 的情况下(图 5.28(d)中曲线(2))没有检测到这种增加。类似地,对凝胶条带的分析表明,核酶-2 的添加导致了与核酶-1 对应的新形成的条带以及发夹型催化剂 H2 的消解(图 5.28(c)中泳道 5)。但是,当不存在核酶-2 时,则不会生

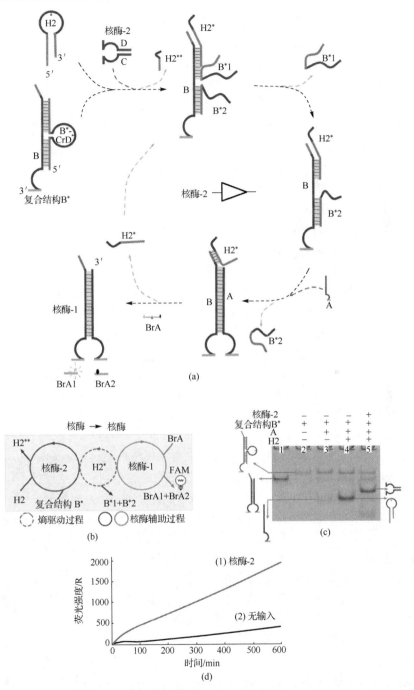

图 5.28　(a)基于核酶调控策略的级联"是"门；(b)级联"是"门的抽象图；(c)级联"是"门反应的 PAGE 结果分析；(d)实时荧光结果分析(见彩图)

成核酶-1 的产物，并且催化剂 H2 保持完整(图 5.28(c)中泳道 4)。为了确定最合适的反应浓度，使用不同浓度的核酶-2 进行了对照 PAGE 凝胶和荧光实验，确定了最合适的浓度为 0.03～3μM。

为了测试基于高解析度兼容性数码技术(high definition compatible digital, HDCD)的电路的可扩展性，我们还建立了一个两层级联的"是"门，将其调节顺序设计为核酶-3→核酶-2a→核酶-1。如图 5.29(a)所示，核酶-3 被设计为第一层"是"门的输入，识别靶向链 D*-ErF 的环状切割位点并切割，以触发复合物 D 的活性。然后，在催化剂 H4 的帮助下，互补链 C′可以通过熵驱动机制置换链 D*-1 和 D*-2，从而产生完整的核酶-2a。随后，新形成的核酶-2a 用作触发第二层"是"门的输入。同理，由核酶-2a 触发激活第二层门中 DNA 复合物 B* 的状态，在催化剂 H1 的辅助下生成核酶-1，通过切断报告链 BrA 使荧光强度增加。该反应可描述为图 5.29(b)所示的抽象图，其中，虚线圆圈代表 H4 和 H1 的催化，实心圆圈分别代表核酶-3、核酶-2a 和核酶-1 的催化。

在实时荧光检测中，在输入的核酶-3 和两种催化剂 H4 和 H1 的存在下，获得了显著的荧光输出(图 5.29(c)中曲线(3))。但是，在没有输入核酶-3 的情况下，观察到了相对较低的荧光泄漏(曲线(2))，这种可能是因为 DNA 催化剂 H4 和 H1 的强行链入侵。为了验证这一推测，我们还进行了对照实验，结果表明，泄漏主要是由催化剂 H1 引起的。同时，在不存在两种催化剂的情况下，未观察到明显的荧光信号(曲线(1))。

为了进一步测试基于核酶调节的逻辑电路的可靠性和可扩展性，构建了由核酶-2 和核酶-3(核酶-2→核酶-4←核酶-3)触发的"或"逻辑门(图 5.30)，该系统中使用的 DNA 包括复合物 B′/ B4、荧光底物 CrE、催化剂 H2 和 H3 以及单链 A2(核酶-4 的右半部分)。在该系统中，采用了带有发夹结构设计的两种催化剂 H2 和 H3，以减少可能的泄漏。值得注意的是，与其他门的单切割位点设计不同，此处的复合物 E 包含两个 TrAGG 切割位点，分别对应于核酶-2 和核酶-3(图 5.30(a)中的紫色箭头和粉红色箭头)。同时，两种发夹催化剂 H2 和 H3 可以分别通过核酶-2 和核酶-3 切割而被激活。这意味着，当添加核酶-2 或核酶-3 中的任何一种时，复合物 E 和 DNA 催化剂可以通过环位点的裂解被同时激活，从而导致核酶-4 的产生。最后，形成的核酶-4 裂解了荧光报告链 CrE，从而使 FAM 荧光增加。该反应可以描述为图 5.30(b)的抽象图，其中，虚线圆圈代表 H2 或 H3 的催化，实心圆圈分别代表核酶-2、核酶-3 和核酶-4 的催化。

在实时荧光检测中，观察到在存在核酶-2 或核酶-3 的情况下，荧光信号显著增加(图 5.30(c)中曲线(2)和(3))；同时添加核酶-2 和核酶-3 导致荧光增加比添加一种核酶(曲线(1))更大，这是因为当两个触发器同时引入时，会产生大量核酶-4 共同发生作用。在没有任何输入的情况下，没有观察到明显的荧光增加，但是仍然可以观察到少量荧光，这表明在对照反应中发生了一定程度的泄漏(图 5.30(c)中曲线(4))。

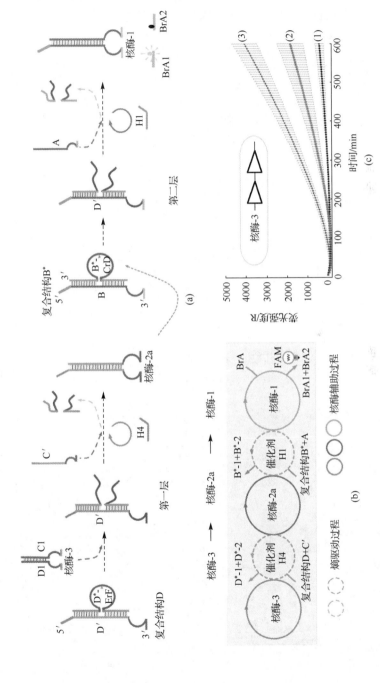

图 5.29 (a) 两层级联 "是" 门；(b) 两层级联 "是" 门的抽象图；(c) 实时荧光结果分析（见彩图）

　　为了更好地验证"或"门操作，还进行了凝胶电泳实验。在没有两个输入核酶-2 和核酶-3 的情况下，未观察到代表核酶-4 的凝胶条带（图 5.30(d) 中泳道 5）。然而，当引入核酶-2 或核酶-3 时，会产生一条新的核酶-4 条带（泳道 7 和 6 中的蓝色箭头），对应于 DNA 复合物 E 的凝胶条带基本上消失了。核酶-2 和核酶-3 的同时输入也导致了核酶-4 条带的产生（第 8 道）。注意，反应中剩余的 DNA 复合物 E 的量根据输入条件的不同而不同。同时添加两个触发器，DNA 复合物的条带消失了，没有剩余痕迹（第 8 道），而只有一个触发器时，仍然有一些剩余的 DNA 复合物（第 6 和 7 道）。这些凝胶结果与图 5.30(c) 所示的荧光结果几乎相同。

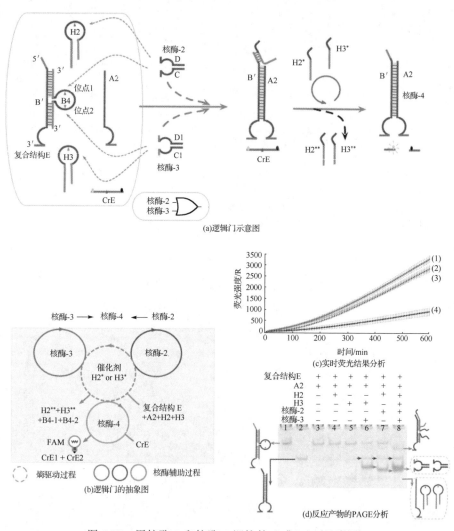

图 5.30　用核酶-2 和核酶-3 调控的"或"门（见彩图）

最后，我们设计了一个自催化 DNA 电路，建立了一个反馈环来催化反应本身(图 5.31(a))。在该系统中，整个电路分为两个功能部分：荧光报告和自催化环，它们由核酶-2 同时触发，触发后，可以激活 DNA 复合物 B′(B′/B*-CrD)，并分别在荧光报告和自催化环中生成核酶-2b 和核酶-4 产物。由于核酶-2b 和初始触发器核酶-2 都可以识别复合物 B′，因此将反馈环构建为核酶-2→复合物 B′→核酶-2b→复合物 B′→核酶-2b。此反馈电路可以加速核酶-2b 和核酶-4 的生成，从而实现自催化反应。为了详细比较自催化作用，还进行了一个对照实验，在该实验中，通过用废产物核酶-5 代替核酶-2b 产物来抑制反馈电路(图 5.31(b))。在对照实验中，只有最初的核酶-2 充当触发器，而在反应过程中(核酶-2→复合物 B′→核酶-5)没有其他自催化触发器产生。相比之下，在自催化电路中，反馈机制可以加速新的触发核酶-2b 的产生，从而促进反应进行并导致更高的荧光强度。该反应可以在图 5.31(c)中以抽象图的形式描述，其中，虚线圆圈代表 H1 的催化，实心圆圈代表核酶-2，DNAyzme-2b 和核酶-4 的催化。

同样进行 PAGE 分析以验证自催化反馈电路的效果(图 5.31(d))。由于反馈效应，少量的输入核酶-2 足以触发自催化反应中的电路。在该实验中，我们使用不同浓度的核酶-2 来触发反应，分别为 0.05、0.15、0.45 和 1.35μM。实验结果表明，对照实验(泳道 3~6)和自催化实验(泳道 7~10)的凝胶结果存在明显差异，在这里，我们使用目标产物的生成量来确定自我催化的效果，包括核酶-2b，核酶-5 和核酶-4(图 5.31(d)中的虚线方框)。当使用 0.05μM 核酶-2 时，在对照实验中(第 3 道)基本上没有检测到产物，而在自催化实验中获得了较弱的目标产物凝胶条带(第 7 道)，从而证明了自催化反应的顺利进行。

随着核酶-2 浓度的增加，对照和自催化实验之间目标产物生成的差异逐渐减小(图 5.31(d))。在这里，我们使用催化比来表示反馈效率，该催化比是通过比较对照和自催化实验中目标产物的增量(代表自催化能力)获得的。根据软件 IMAGE J 的结果，不同的核酶-2 浓度(0.05、0.15、0.45 和 1.35μM)的催化比分别为 0.96、1.18、0.23、0.18。显然，随着核酶-2 浓度的增加，催化比值有降低的趋势。我们将这种现象归因于在低核酶-2 浓度下，初始核酶-2 直接诱导的目标产物数量很少，而反馈触发核酶-2b 引起的数量相对较高，因此在低核酶-2 浓度下，很容易观察到自催化作用。

此外，实时荧光测定法也证实了自催化作用，实验所用的核酶-2 浓度分别为 0.1、0.2、0.4、0.6、0.8 和 1.0μM(图 5.31(e))，自催化能力用相对百分数(F)表示。与凝胶结果相似，当初始核酶-2 浓度增加时，自催化实验与对照实验之间的差异变小(图 5.31(e))。总体而言，这些结果验证了基于核酶调节的反馈反应的性能。

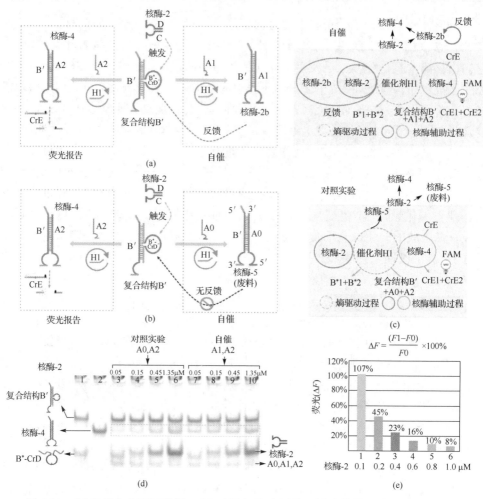

图 5.31 (a)自催化电路示意图；(b)对照实验示意图；(c)自催化电路和对照实验的抽象示意图；(d)反应产物的 PAGE 分析；(e)荧光信号分析

在本研究中我们开发了由核酶调节的催化 DNA 逻辑门系统。在该系统中，核酶作为输入使底物产生共价改变(如裂解骨架键)，然后，电路对构象变化做出响应并促进熵驱动的链置换反应。同时，在 DNA 催化回路的一个循环中还可以产生新的 DNA 核酶，这时，核酶和 DNA 催化剂可以交替参与反应，从而实现级联的催化回路。这项研究建立了一系列基本的 DNA 逻辑门，包括"是""或"和"与"。此外，还构建了两层级联的 DNA 电路，以展示调节方法的可扩展性和层次性。最后，还构建了自催化电路，通过基于核酶的调节同时实现了反馈和报告功能。此外，在自催化实验和对照实验之间发现了浓度依赖性的差异。总体而言，结果表明核酶调控策略适用于调控复杂的分层催化 DNA 回路。同时该方法还显示出构建复杂的纳米器件和纳米机器人的潜力，与其他传感方法相结合，所得的级联 DNA 电路将在生物传感和分子工程的相关领域中具有进一步的潜在应用。

3. 基于适体调控的转录回路

在本研究中，我们提出了一种基于适体的策略来调节合成转录电路。在该系统中，我们使用 DNA 适体，结合 DNA 和 RNA 聚合酶，限制酶和甲基化酶作为调节剂，以实现转录因子(transcription factor，TF)的转录控制。此外，还建立了多层级联网络和甲基化开关电路，以执行基于适体的转录调控。这种策略提供了几种工具来灵活、精确地调节合成转录回路，因此，有可能成为扩展体外合成生物工程的工具包。

如图 5.32(a)所示，基于适体的转录调控系统由一个转换器单元、一个转录单元和一个报告单元组成。转换器单元旨在以可编程方式控制 Taq 聚合酶的活性。它接受 DNA、RNA、酶甚至电路等输入，并依靠生化反应来激活被抑制的 Taq DNA 聚合酶。换句话说，该单元将输入信号转化为活性 DNA 聚合酶信号，然后将其传递至转录单元的转换器。转换器单元的关键机制是 Taq DNA 聚合酶的活性受 DNA 适体的结构变化影响，这种变化是通过各种生物分子作为激活剂参与反应产生的(图 5.32(b))。适体的稳定发夹结构(DNA A 和 B 之间至少需要 12 个核苷酸的杂交区域)可以特异性捕获 Taq 聚合酶并完全抑制其活性，一旦 DNA 发夹结构的 A/B 茎区域被破坏，Taq 聚合酶就会被释放。转录单元被设计为在 DNA 聚合酶的帮助下以 DNA 为模板生成 RNA(图 5.32(c))。最初，转录被抑制是因为 RNA 聚合酶不能结合单链启动子区域。仅当引物依赖 DNA 聚合酶的作用延伸并产生完整的双链启动子时，转录才能启动。我们设计了一个报告单元，该报告单元产生一个荧光信号来表征和量化转录电路(图 5.32(d))。新产生的单链 RNA 可以通过末端延长区域引发链置换反应导致荧光团与淬灭剂分离，使荧光强度增加。值得注意的是，"F"链的 3′末端延长了 1 个碱基的错配，以阻止 DNA 聚合酶的错误延伸。在我们的研究中，基于适体的调控是不依赖序列的，但是依赖适体来开启/关闭 Taq 聚合酶活性，随后激活转录或使其处于非活性状态。

为了验证所提出的调控策略的可行性，首先设计了 DNA 激活电路。在该电路中，转化单元由与适体相互作用的单链 DNAB*组成。激活链 B*通过链置换反应能够触发 DNA 发夹(A/B)的分解(图 5.33(a))。一旦 DNA 发夹的 A/B 茎区域被破坏，Taq 聚合酶就会释放。随后，释放的聚合酶催化引物的延伸并触发转录和报告单元。简单来说，DNA 激活链调节聚合酶，然后 Taq 聚合酶调节转录。

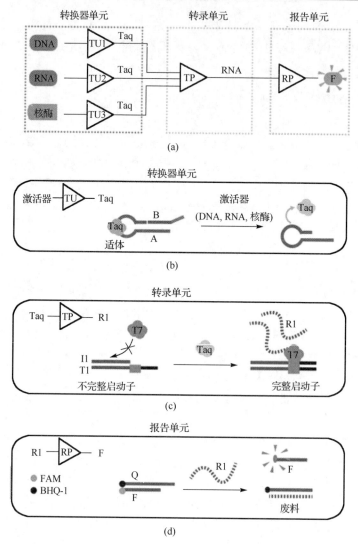

图 5.32 （a)转录调节系统示意图；(b)转换器单元细节；(c)转录单元细节；(d)报告单元细节

　　在验证 DNA 激活回路之前，我们研究了 Taq 聚合酶辅助转录和适体抑制转录相关的几个重要条件。根据对照实验的结果，我们选择了以下最终反应条件：0.6 倍的 RNA 聚合反应缓冲液；DNA 聚合酶，超过 $10\mathrm{UmL}^{-1}$；T7 RNA 聚合酶，超过 $2\mathrm{UmL}^{-1}$；DNA 模板（T1/I1），超过 10nM；抑制 $25\mathrm{UmL}^{-1}$Taq 聚合酶的适体，50nM；抑制 $10\mathrm{UmL}^{-1}$ Taq 聚合酶的适体，30nM。除非另有说明，否则后续实验均在 25℃下进行。

　　首先我们通过 PAGE 凝胶确认了 DNA 发夹确实会发生拆卸操作。然后，我

们用 50nM 适体复合物(A/B)进行了凝胶实验以验证转录电路功能。如图 5.33(b)
所示，随着 B* 的浓度从 15nM 增加到 60nM(第 3～7 道)，报告基因的条带(F/Q)
消失，并且逐渐产生了一条较慢的条带，对应于 DNA/RNA 双链废物，此现象表
明发生了强烈的转录反应。我们还进行了荧光分析以验证电路。如图 5.33(c)所示，
当将 30nM 的 B* 加入具有 30nM 的适体复合物(A/B)的电路中时，获得了显著的
荧光信号，表明 RNA 转录电路的激活。在没有 B* 的情况下，便没有大量荧光信
号产生。为了进一步确定调控效果，我们用不同浓度的 B* 进行了实验，发现荧光
信号随 B* 浓度的增加而增加。荧光结果证实 B* 充当调控反应的激活剂。总体而言，
我们的实验结果表明，通过适体相关的调节可以实现转录回路的激活。

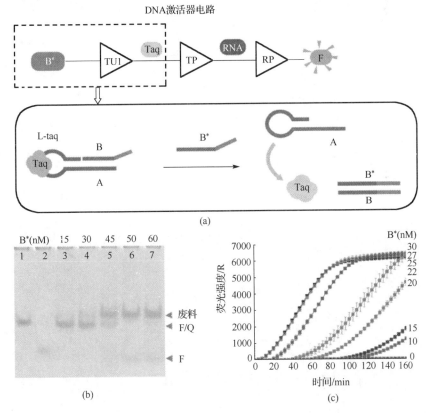

图 5.33　(a)DNA 激活电路以及 DNA 触发 Taq 聚合酶活性的过程示意图；(b)PAGE 显示
不同浓度的 B* 对应的实验产物；(c)荧光显示不同浓度的 B* 产生的实验结果

　　为了证明转录电路的模块化和可扩展性，建立了基于两级适体调控的转录电
路。在该回路中，RNA 不仅如上所述用作报告触发，而且作为调节下游转录单元
的激活剂，从而实现了 DNA→RNA→DNA→RNA 的分级调节。

如图 5.34(a)所示，转换器单元的输入由 DNA 链触发的转录电路组成，级联电路由两个 RNA 转录子电路组成：下游聚合酶触发的转录单元和上游 I2 触发的转录电路。第一步，链 I2 通过完善启动子区域以产生 RNA 产物 RB*来启动上游转录，然后，新生成的 RNA RB*通过破坏适体发夹结构触发了 DNA 聚合酶的释放。简而言之，RNA 转录回路调节聚合酶，然后聚合酶调节转录，基于适体的模块作为连接子电路的连接器。

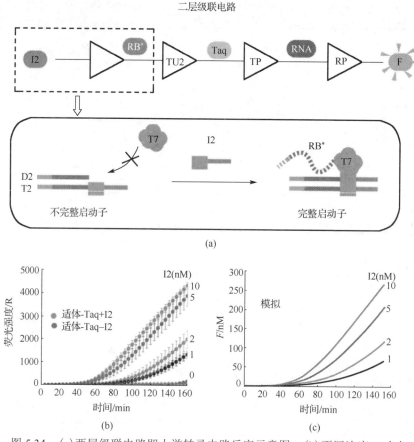

图 5.34　(a)两层级联电路即上游转录电路反应示意图；(b)不同浓度 I2 参与反应产生的实时荧光；(c)模型模拟荧光结果

我们进行了荧光实验来验证级联转录电路。如图 5.34(b)所示，在不增加输入链 I2(曲线 0)的情况下，荧光强度几乎保持不变。当我们改变输入链的 I2 浓度 (1nM、2nM、5nM 和 10nM)时，荧光强度逐渐增加，这表明两级转录电路正在成功运行。图 5.34(b)中显示了存在或不存在输入链 I2 时的荧光。在这两种情况下，弱荧光表明下游转录回路通过适体阻遏物被上游转录回路有效地控制。通过模拟模型(图 5.34(c))也证实了实验结果的准确性,可以看出,仿真数据与实验结果吻合良好。这些结果进一步验证了基于适体的调控策略同样适用于两层级联电路。

为了证明基于适体的转录调控策略的多功能性,功能性酶也被用作激活物和阻遏物。例如,DNA 甲基转移酶(methyltransferase, MTase)在调节基因表达中起关键作用,并已被确定为可预测癌症的生物标志物。此外,限制性内切酶可切割 DNA 的特定识别位点或附近的片段。但是有一些限制酶是甲基化敏感的,即当限制位点被甲基化时,它们将不被切割。因此,我们利用甲基化控制酶切割过程构建了一个电路。

在回路的转换器单元中(图 5.35(a)),DNA 聚合酶的活性受到限制性酶 HpaII 和甲基转移酶 M.SssI 的调节,这两个酶都识别发夹茎中的序列 5′-CCGG-3′(A-msi/B-msi)。当将 HpaII 引入电路中时,适体被裂解,DNA 聚合酶被释放,从而触发了转录电路。值得注意的是,HpaII 的裂解作用可被同样能够识别限制性酶切位点的 M.SssI 的特异性甲基化作用所阻断,因此,M.SssI 的存在抑制了 HpaII 的活性,从而抑制了 Taq 聚合酶并抑制了转录回路。因此,M.SssI 充当开关,其不存在或存在会打开或关闭转录电路。基于以上原理,我们建立了双酶控制的开关转录电路。

酶的消化和阻断功能首先通过 PAGE 凝胶电泳实验进行了验证,然后测试整个电路,进行凝胶实验以验证开关电路的操作。引入了不同浓度的 M.SssI 以关闭转录回路(图 5.35(b))。我们发现,在较高的 M.SssI 浓度下,报告条带(F/Q)更加明显,DNA/RNA 双链废物逐渐消失。值得注意的是,当向反应中添加大量的 M.SssI(10UmL^{-1})时,报告探针(F/Q)保持不变,并且几乎没有转录 RNA(泳道 9)。将 HpaII 引入反应中,由于裂解的适体阻遏物释放了 Taq 聚合酶,报告探针(F/Q)被完全消耗(第 3 道),如图 5.35(c)所示,当仅将 HpaII 引入反应中时,我们获得了显著的荧光信号增强(曲线 0),表明 DNA 聚合酶的活性已恢复并触发了转录回路,而 M.SssI 的浓度增加导致反应速率和反应最终的平衡逐渐降低,这些结果进一步证实了 M.SssI 对转录回路的抑制作用。总体而言,我们的实验结果表明,可以使用甲基化酶和限制性内切酶来调控开关电路的反应。

综上所述,在本项研究中,我们开发了基于适体的体外转录调控策略,实验结果表明转录的激活和抑制表现良好。同时,还建立了多层级联电路和甲基化开关转录电路。凭借模块化和可伸缩性的优势,此策略适用于独立构建复杂的转录电路,也可以通过集成转录电路来构建更复杂的多层转录系统。这种策略提供了一种以复杂而精确的方式调节体外转录的方法,并开辟了使用更多纳米材料来控制转录系统的可能性,从而扩大了体外合成生物学的工具包。

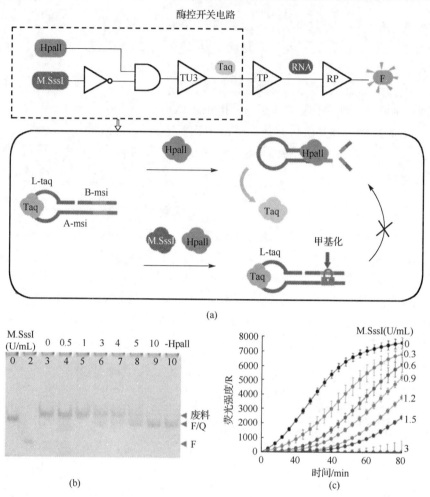

图 5.35　(a)双酶控制的开关转录电路示意图；(b)不同浓度 M.SssI 参与反应的 PAGE 分析；(c)不同浓度 M.SssI 参与反应的实时荧光分析

5.4　基于自组装技术的分子逻辑电路

5.4.1　自组装技术的发展应用

DNA tile，顾名思义为 DNA 瓦片，是实现多种多样的复杂结构的基本组成单元。其基本单元结构有四、六、八、十二臂结等多臂结瓦片、双交叉瓦片(double-crossover tile，DX tile)、三交叉瓦片(triple-crossover title，TX tile)、4×4 瓦片、单链瓦片、DNA 折纸瓦片等。其中，由 Seeman 等设计的结点稳定的多臂结结构形成后结点处较为灵活，结点处的臂之间的角度各异，难以用于构建具有重复单元的网格结构。为了解决多臂结过于灵活的缺陷，Seeman 等设计了 DX tile，在双螺旋结构之间引入交叉结构，类似于双螺旋重组过程中交叉连接的中间态结构，形成了具有平行或反平行结构的两种交叉结构。而研究表明，交叉结构中的反平行结构比平行结构要稳定得多。因此，在随后的 DNA 交叉结构中多采用反平行交叉结构。

　　Labean 等于 2000 年设计了 TX tile，由四条链形成三列双螺旋。改变 TX tile 中四条链的绕行方式可使其结构特征发生变化，从而得到两种不同的结构对应两种不同的状态，通过设计黏性末端的序列使其特异性连接并重复排列形成有凸起的二维晶格结构[159]。另外，如图 5.36 所示，通过设计不同的 TX tile 的结构（如在 TX tile 中引入哑铃结构）并组合不同的黏性末端序列形成各异的 tile 单元，每一个单元可以代表一个特定的状态，将特定的状态按照一定的顺序结合起来即可实现一定的计算功能——异或[65]。

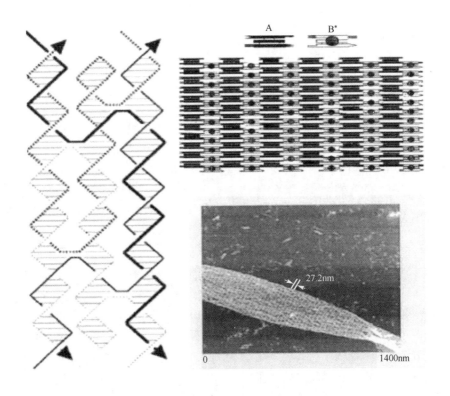

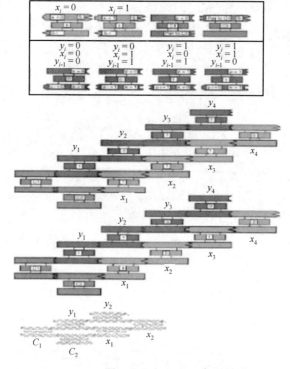

图 5.36　DNA tile 实现异或

　　Yan 等在 DX tile 的基础上，将其应用于构建一种 4×4 tile，形成的稳定的 4×4 tile 可重复自组装成具有重复单元的二维晶格结构[161]。通过改变 tile 的臂结的长度（包含的碱基对的个数）可以控制结构的曲度，进而控制形成的结构的形状，如纳米带或者平面纳米网格。在 4×4 tile 的中间的空洞上可以放置蛋白分子，可组装成 DNA 蛋白阵列，将形成的纳米带金属化可以构建纳米导线并测量其导电性，如图 5.37 所示。

　　2009 年，如图 5.38 所示，Zhang 等依据之前成功实现的二进制算数和逻辑运算的实验设计，从理论上提出了比较器、存储器、减法器和除法器系统，通过复杂的反应机理，对输入 S_0 进行反馈，形成 E_0 输出[18]。

　　Kolpashchikov 和 Bayrak 则将金属颗粒包围在 DNA 模块中，并将包含有金属颗粒的 DNA 纳米结构堆积连接成纳米导线，如图 5.39 所示。后期有人不断做了改善。Aryal 等则将 DNA tiles 金属化成为纳米导线，采用四点测量技术，利用电子束诱导金属沉积形成探针电极，纳米导线的阻值较低[161]。Vittala 等则实现了在富勒烯团簇的辅助下，DNA 短链自组装而成的半导体纳米导线[162]。

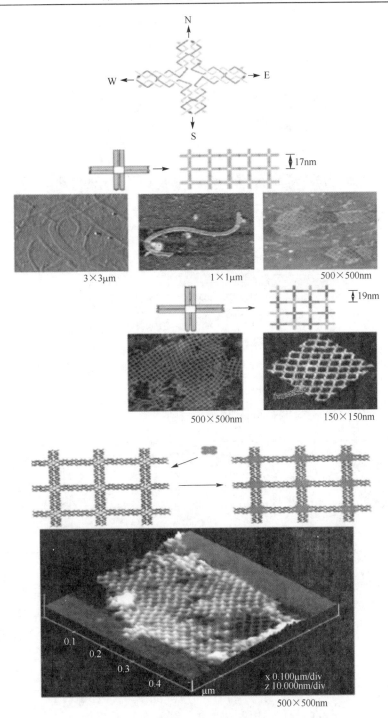

图 5.37　DNA tile 组装成的蛋白阵列

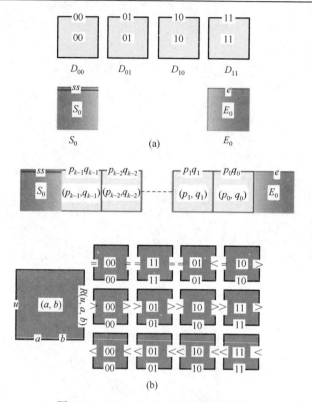

图 5.38　DNA tile 形成的计算器系统

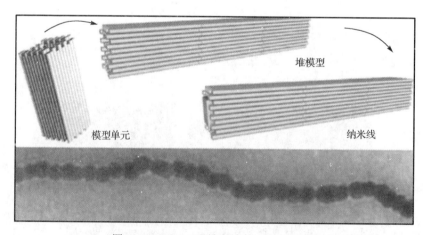

图 5.39　DNA tile 堆积连接成纳米导线

　　DNA tile 的纳米级别的自组装能力和可寻址能力，使其在纳米成像领域同样具备应用潜力。结合 DNA tile 组装成的纳米结构的高精度的空间排列能力，DNA tile 组装结构常常被用作分子脚手架引导光学元件的自组装。Lau 等将金纳米颗粒 AuNPs 修饰在三维 DNA "梯级" 结构的表面构成 DNA-AuNPs 的组装模块，重复组装形成的模块阵列，实现了 AuNPs 的精确排列[163]，如图 5.40 所示。

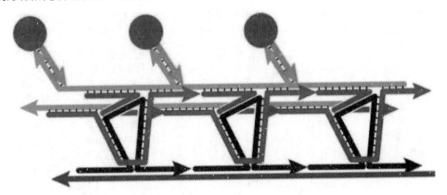

图 5.40　模块阵列的组成单元 DNA-AuNPs

在 Seeman 教授扩展生物学的范畴，提出了利用 DNA 黏性末端互补配对的特性、构建二维及三维纳米级有序网格结构的思想后，Mao 等利用三交叉分子设计了两种输入分子瓦、四种输出分子瓦、两种初始化分子瓦、基于分子瓦不对称的黏性末端的互补配对，从左下至右上四步完成一位异或门的四种逻辑运算，最终通过凝胶电泳实验证明了设计的正确性。Yan 等利用 DNA 双交叉分子的线性自组装完成了 "瓦片串" 算法，该算法实现了四位异或并行运算，通过凝胶试验以及原子力显微镜成像技术对实验进行表征，证明了其并行运算的能力。Dwyer 等提出了 DNA 引导立体晶胞自组装的方法，适用于计算电路，能够指定实现逻辑门的三维结构。开发一种面连续结构组装算法，仅需要 15 个独特的 DNA 序列。Barish 等利用 DNA 自组装方法编码算法设计了两种 DNA 晶体以实现复制和计数的原始操作，其结果证明了算法自组装的潜力，能够创建复杂的纳米级复制和计数模式。Wang 等构建了 x 瓦片、y 瓦片和初始化角 c 瓦片三种稳定的 DNA 瓦片，执行全加器和全减法器操作，其中，三个寡核苷酸作为输入，两个独立的荧光切割反应作为输出，表明可以通过自组装设计更复杂的逻辑电路实现 DNA 分子计算机的扩展。Zhang 等利用 DNA 折纸术以及 DNA 酶介导的 DNA 双交叉分子自组装方法，设计了 "YES"、与、或、逻辑开关的逻辑运算系统。通过原子力显微镜成像技术及荧光信号强度分析逻辑系统，证明了 DNA 酶介导的分层动态响应自组装方法。Cho 等利用 DNA 自组装技术实现了三输入一输出逻辑门结构，利用原子力显微镜成像技术分析逻辑门在不同规则算法下形成的误差。Zhang 等设计了基于羟基氧化钴的分子自组装平台，并利用该平台设计了三输入的布尔运算、荧光三态逻辑计算、焦磷酸酯(pyrophosphoric acid)检测以及在活癌细胞体内成像，该方法有助于推动智能分子计算和传感系统的开发和应用。

　　2019 年，Zhan 等开发了 DNA 组装的多层纳米系统[164]。如图 5.41 所示，与静态的纳米自组装不同的是，加入 DNA 燃料可以实现纳米结构的可逆滑动运动。表面修饰 DNA 的金颗粒在系统中起到"旋钮"作用，一方面通过与 DNA 折纸杂交生成夹心结构，另一方面与 DNA 燃料发生链置换反应使纳米系统产生滑动运动效果，同时基于纳米金颗粒对荧光基团的猝灭作用，通过在 DNA 折纸上修饰荧光基团，将滑动的结构变化与荧光信号的强度变化相结合。这种动态纳米系统为纳米计算的编程与信息表征提供了新思路。

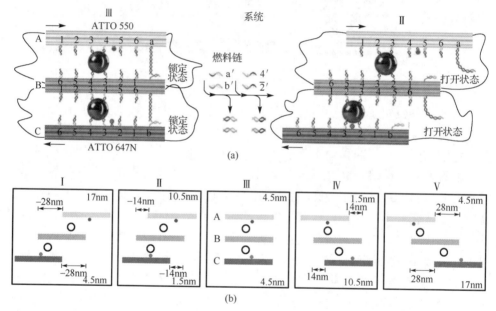

图 5.41　基于 DNA 组装的多层滑动纳米系统

5.4.2　基于自组装技术的分子逻辑电路的发展

　　1982 年，Seeman 首次提出 DNA 的纳米材料属性后，DNA tiles 在结构方面的设计和实现有了长足的发展，并打开了 DNA 在纳米结构领域和计算领域发展的大门。1994 年，Adleman 利用 DNA 分子解决了七顶点有向图的哈密尔顿路径问题，并在试管中进行了实验验证。该研究将反应前的 DNA 序列编码为已知的城市，然后将 DNA 序列置于溶液之中，在酶的作用下发生反应相当于运算的过程，再从反应后的体系中利用生物检测技术，筛选出目标 DNA 生成物，即得到问题的解。1995 年，Lipton 采用类似的方法，解决了另外一个 NP 完全问题——

SAT (Boolean satisfiability problem) 问题。同样地，利用生物技术检测符合的 DNA
链得到问题的解。1996 年，Oliver 提出了一种使用 DNA 计算实现布尔矩阵和市
属矩阵相乘的方法。1998 年，Winfree 最早在其博士论文中为 DNA 在计算领域的
应用指明了新的方向，他认为可以使用由 DNA 构建的块 (blocks, tiles) 作为
"Wang" tile 来存储或者表示数据，并为不同的块设计特定的连接方式，按照预先
设计的特定方式组合起来描述相应的计算模型，这种组装方式也称为"程式自组
装"。通常 DNA 之间的碱基配对为 A-T，G-C，而采用 tile 进行连接之后黏性末
端的编码多种多样，大大提高了其编码的能力。"Wang" tile 的提出为 tile 在计
算领域的应用提供了新的思路。2002 年，Braich 等解决了 20 变量的 3- SAT 问题，
找到了特定的满足条件的 DNA 序列，即合适的解。在这一问题中，有 106～220
个可能的解。由于选取用于解决问题的特定的图较小，得到的解的数量没有过多，
因此，可以延伸到解决 30 个变量的相同问题，而此计算问题也是当时使用非电子
手段解决的最大的计算问题。Zhang 等又在另一工作中将 DNA tile 的自组装和
DNA 链置换结合起来，早期的计算工作集中在实现简单的逻辑运算。2017 年，
Hao 等在张拉三角形结构的基础之上改变了组成的链的结构，并在不同的链上添
加染料，得到了三种不同的颜色，即三种状态，并实现了状态之间的转换。上述
研究工作成功地将 DNA tile 应用于复杂算法的实现，也有研究者一直致力于利用
DNA tile 构建纳米级别的电路，并从不同的方面做出了相应的贡献。

5.4.3　基于自组装技术的逻辑电路研究工作

1. 核酶介导的自组装逻辑电路

在这项研究中，我们设计了一种基于纳米图案的逻辑系统，该系统中，DX
DNA 瓦片在可编程的触发器的引导下，自动填充 DNA 折纸结构中的窗口，此系
统可以通过实现不同的逻辑运算来生成不同的图案。通过在填充位点引入核酶，
可以将结构变化信息转化为荧光信号以显示结构的生长。首先，通过执行简单的
逻辑门操作"是"和"或"来证明基于将 DX 瓦片填充到 DNA 折纸窗口中的操
作是可靠的，增加的荧光信号作为报告。我们还开发了一种两层逻辑开关，其中
通过核酶催化的 DNA 链裂解触发填充。我们进一步建立了一个两层级联的"与"
门，其中两个 DNA 瓦片按顺序组织填充。应该注意的是，核酶既可以作为报告
产物，也可以作为触发下游反应的输入或中间产物。核酶介导的 DNA 纳米模式
的逻辑门整合了各种结构模式和酶促信号级联的优势。

基于 DNA 折纸结构的"是"逻辑门的基本原理如图 5.42 (a) 和图 5.42 (b) 所
示。该设计由两个结构部件 DX 瓦片 A 和折纸 $K1$ 组成。折纸 $K1$ (128.5nm×72nm)

包含两个孔($H1$ 和 $H2$),两个窗口的内边缘的 DNA 双链均具有独特的延伸黏性末端,其横向距离为 14.3nm,等于 DX 瓦片 A 的长度。每个窗口的内腔最多可容纳 8 个以平行方式排列的 DX 瓦片。因此,每个 DX 瓦片 A 都显示四个黏性末端,它们可以特异性绑定到 $H1$ 内边缘的对应黏性末端,而不会绑定到 $H2$ 内边缘的对应黏性末端。当 DNA 折纸和 DX 瓦片 A 以 1∶16 的摩尔比混合时,过量的瓦片 A 有望完全填满 $H1$。

　　填充反应是在 1×TAE/Mg^{2+} 和 1×HEPES 的混合缓冲液中,通过在 25℃下孵育 8~16h 来进行的。通过从聚丙烯酰胺凝胶上切下条带来纯化瓦片 A 以去除任何不规则的产物,然后用 100kD 截留分子量(molecular weight cut off,MWCO)过滤器柱通过离心法纯化 DNA 折纸 $K1$ 以去除多余的短链。在瓦片 A 的存在下,DX 瓦片 A 会自发地填充 DNA 折纸窗口。如 AFM 图像所示(图 5.42(c)),添加瓦片 A 后只能观察到 $H2$,$H1$ 消失了。

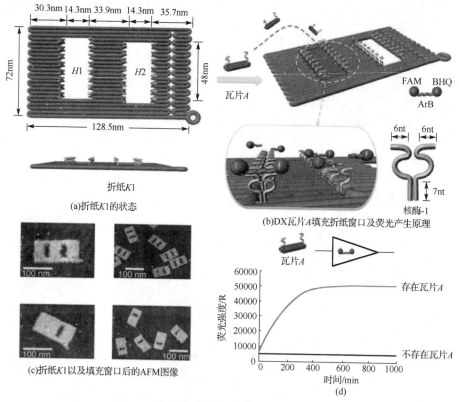

图 5.42 "是"门说明示意图

　　为了实时监测反应,在瓦片结合位点引入了 Mg^{2+} 依赖性的 E6 型 DNA 核酶,该酶能够将结构变化信息转换为荧光信号变化。核酶-1 分为两个亚基,分别束缚

在瓦片 *A* 的两个黏性末端，相应的黏性末端位于孔 *H*1 的内侧。当瓦片 *A* 填充到窗口中时，在瓦片 *A* 和孔 *H*1 的界面上两个完整的功能性核酶-1 亚基会结合在一起(图 5.42(b))。在核酶-1 的识别底物 ArB(15nt，中间含有一个核糖核苷酸单元)两端用一对荧光猝灭剂(FAM-BHQ)将其功能化。在 ArB(折纸/ArB 摩尔比为 1∶45)的存在下，完整的核酶-1 能够识别 ArB 的特定的内部核糖核苷酸位点(TrAGG)并将其裂解，此时荧光团(FAM-)和淬灭剂(BHQ-)标记的链断裂成为两条短链，两条较短的链(分别为 7nt 和 8nt)失去了它们的协同结合能力，并降低了与核酶的结合亲和力。因此，两者都从 DNA 酶解离，从而增加了荧光信号(图 5.42(d)中曲线)。因此，荧光信号变化指示完整功能性核酶-1 的形成，从而可以实时监控瓦片的填充过程。相反，在没有瓦片 *A* 的情况下，几乎没有观察到荧光增强(图 5.42(e)中直线)。该结果证明核酶的引入使得结构图案形成和荧光信号输出之间能够进行相应的连接。

为了实现"或"门，使用两个 DX 瓦片 *A* 和 *B* 作为两个输入来填充折纸 *K*1，分别专门填充窗口 *H*1 和 *H*2。图 5.43 描述了"或"门的设计，添加图块 *A* 或 *B* 可以导致不同的填充模式和功能性核酶-1 的形成，两种填充事件的荧光报告链同样是由 ArB 裂解产生的 FAM 标记链。AFM 结果表明，添加图块 *A* 或 *B* 只会导致两个孔之一被填充(图 5.43(a)和图 5.43(b))。在这里，*H*1 和 *H*2 可以通过折纸框架的不对称设计来区分：①框架的侧边宽度不相等，左侧和右侧的宽度分别为 30.3nm 和 35.7nm；②M13mp18 单链 DNA 的未组装环位于距离孔 *H*2 更近的角落(图 5.43(a))。值得注意的是，瓦片 *B* 无法完全填充 *H*2，而瓦片 *A* 无法填充 *H*1(图 5.43(b))。一个可能的原因是框架右侧的相邻接缝引起的 *H*2 的微小结构变形。当同时添加图块 *A* 和 *B* 时，可以同时填充 *H*1 和 *H*2(图 5.43(c))。

荧光结果(图 5.43(d))与添加瓦片 *A* 或 *B* 时信号增加的预期一致。当两个瓦片都存在时，荧光信号增强的速度比单独一个瓦片触发时的荧光信号增加快。当瓦片 *A* 和瓦片 *B* 同时填充两个孔时，荧光增强的速度更快是因为核酶-1 的更快生成。有趣的是，瓦片 *A* 触发的荧光增强比瓦片 *B* 更快。这可以通过上述 *H*2 的结构变形来解释，这可能会阻止瓦片 *B* 填充 *H*2。在没有任何瓦片输入的情况下，荧光信号不会增加，因为无法生成功能性核酶-1(图 5.43(d)中曲线 4)。

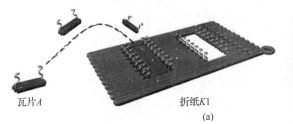

瓦片*A*　　　　　　　折纸*K*1

(a)

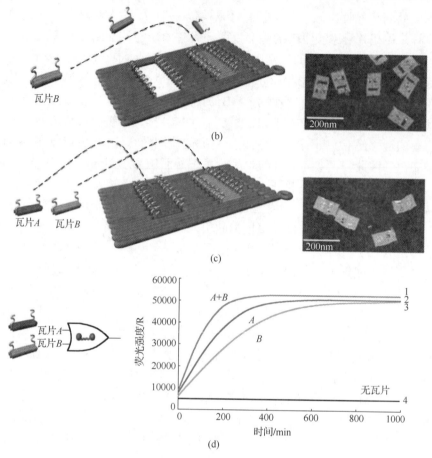

图 5.43　(a)~(c)"或"门的三种输入示意图以及生成结构的
AFM 图像；(d)三种输入的荧光检测信号

　　为了实现填充模式的远程控制，我们还设计了可由核酶-2 触发的两层逻辑开关(图 5.44(a))。首先，使用单链 DNA $P1$ 和 $P2$ 对图块 A 进行预保护，它们与从图块 A 两端的黏性末端延伸的末端延长部分杂交，以形成瓦片 LA(锁定瓦片 A)。TrACC 的特定序列(rA 是核糖核苷酸 A)包含在 $P1$ 和 $P2$ 的中间，为核酶-2 提供了切割位点。这种保护在空间上抑制了黏性末端的相互作用，从而防止了瓦片 LA 填充折纸 $K1$ 的 $H1$。用核酶-2 处理后，瓦片 LA 上的 $P1$ 和 $P2$ 都可以被切成两小块，从而引起保护链和瓦片 A 之间的不稳定和解离。$P1$ 和 $P2$ 与黏性末端的末端延长部分之间杂交区域的长度为 11 bp。通过优化瓦片 A 和保护链之间的杂交区域的长度，可以精确地控制结合稳定性，使得保护链在切割前与瓦片 A 可靠地结合，断开后，半链在室温下能有效地与瓦片 A 分离，从而解锁瓦片 A。当其黏性末端完全暴露时，

解锁的瓦片 A 可以填充到 $H1$ 中，并激活核酶-1。在 ArB 存在下，这会导致荧光信号增强。

图 5.44(b) 的 PAGE 结果显示了瓦片 A 的保护和活化。瓦片 LA 条带 (通道 4) 的迁移速度比瓦片 A (通道 1) 慢，这是因为瓦片 LA 两端有复杂环状结构，分子量较高。在存在核酶-2 的情况下，第 5 道中的条带比第 4 道中的图块 LA 的条带运行得更快，这表明核酶介导的保护链断裂并从瓦片 A 上解离。AFM 图像 (图 5.44(c) 和图 5.44(d)) 使核酶触发逻辑开关直接可视化。在没有核酶-2 的情况下，尽管折纸 $K1$ 和瓦片 LA 共孵育了 3~6 小时，但几乎所有折纸中的两个窗口都空着。在存在核酶-2 的情况下，AFM 显示仅剩一个空窗，这表明瓦片 LA 被有效地解锁，从而可以填充其中一个孔。此外，逻辑开关的"开"会导致核酶-1 激活，这促进了 F-Q 标记 ArB 的分裂和随后荧光信号的增加 (图 5.44(e))，所以在存在核酶-2 (曲线 2) 的情况下添加瓦片 LA 时，荧光增加的速率比没有核酶时 (曲线 3) 的荧光增加得多。尽管瓦片 LA 被设计为在不解锁的情况下抑制填充，但是可以观察到一定程度的荧光泄漏 (曲线 3)。这表明通过 $P1$ 和 $P2$ 对瓦片 A 进行保护不是 100% 有效。一些瓦片 LA 可能仍会填充折纸窗口，而不会被核酶-2 预先切割，这与 AFM 结果 (图 5.44(c)) 一致，AFM 结果显示孔的内边缘看起来不太清晰，填充程度较小。在荧光实验中，当添加瓦片 A (未保护) (曲线 1) 时，由于缺乏对黏性端相互作用的抑制，观察到了很高的荧光增加速率。当存在瓦片 LA 时核酶-2 的浓度从 2nM 变为 240nM，荧光变化的速率和报告的荧光强度相应增加。更多的核酶-2 会增加活化瓦片 A 的可用性，从而提高瓦片 A 填充到折纸孔中的速率。

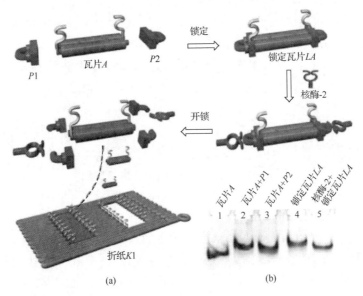

(a)　　　　　　　　　　　　　　(b)

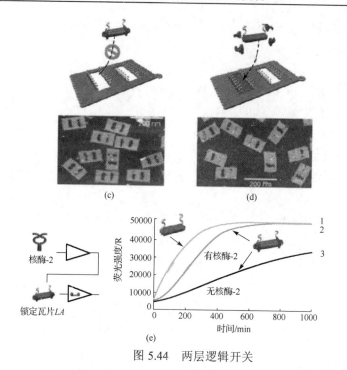

图 5.44　　两层逻辑开关

　　我们进一步扩展了计算，以执行级联的"与"门，使用有顺序的瓦片填充策略来控制 DNA 折纸框架的结构(图 5.45(a))。在此顺序填充系统中，折纸构图过程分为两个步骤：①将瓦片 A 填充到 $H1$ 中，②将瓦片 C 填充到 $H2$ 中。瓦片 LC 是锁定的瓦片 C，即瓦片 C 与保护链 $P3$ 和 $P4$ 杂交形成，它们都包含作为核酶-1 底物的 ArB 序列。仅在瓦片 A 存在时，折纸 $K2$ 的 $H1$ 即可直接填充。同时，在 $H1$ 和瓦片 A 的连接处生成核酶-1(黄色)。在不存在图块 LC 的情况下，反应停止，荧光信号没有增加，因为本次实验的底物 CrD 只能被核酶-3 识别。另一种情况，当仅存在瓦片 LC 时，两个孔都无法填充，因为瓦片 C 的受保护黏性端阻止了黏性端之间的有效相互作用。由于无法生成活性核酶-3(紫色)，因此预期不会发生荧光信号变化。在 A 和 LC 的共同输入时，图块 A 填充生成的核酶-1 通过在图块 LC 的两侧切割保护链来触发 LC 的解锁，从而允许其填充 $H2$。同时，在 $H2$ 和 C 之间的连接处会生成完整的具有催化活性的核酶-3(紫色)，并切割 F-Q 标记的 CrD，从而增加荧光输出。

　　"与"门运算的 AFM 结果如图 5.45(b)～图 5.45(d)所示。仅使用 A，一个孔被填充，而第二个孔保持为空。仅使用瓦片 LC 时，两个孔都保持打开状态，这表明在黏性端上的保护有效地防止了瓦片 LC 填充到折纸窗口中。将 A 和 LC 一起加入时，两个孔都被填充，在该过程中，上游瓦片填充触发并控制下游填充，从而成功执行级联"与"门控制。同时,随时间变化的荧光信号也证明了此结果。在图块 A 存在的情况下,未观察到曲线 1 的变化,而在图块 A 和 LC 均存在的情况下,曲线 3 的信号明显增加;这些输出分别反映了预期的结果"是"和"否"。如果仅加入瓦片 LC,则结果为"否",但是,荧光强度略有增加(曲线 2),这是因为瓦片 LC 的不完全锁定使它能缓慢填充到折纸窗口中。

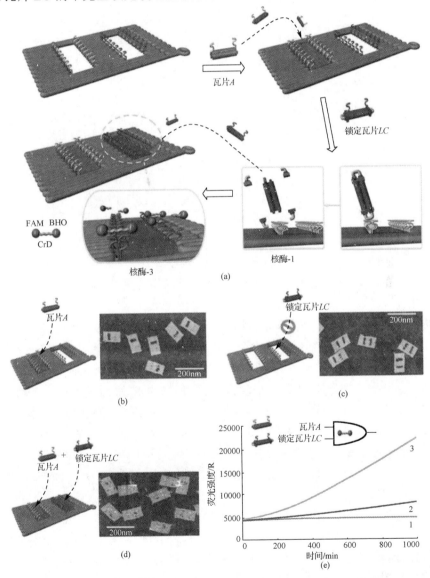

图 5.45 (a)级联"与"门;(b)只输入瓦片 A 时生成的结构;(c)只输入瓦片 LC 时生成的结构;(d)两者同时输入时生成的结构;(e)实时荧光信号分析(见彩图)

总而言之，在本次研究工作中，我们开发了一种可编程的分子逻辑操作系统，该系统基于核酶介导组装以可控制的方式在 DNA 折纸框架上生成图案。逻辑操作的设计使信息能够在 DNA 折纸结构模式生成和酶促信号转导之间进行处理。此外，折纸的模块化设计可以允许实现更复杂的信号电路，因为可以以级联的方式控制模式。这种核酶介导系统的主要缺陷是瓦片和折纸之间存在非特异性的填充泄漏。因此，应该在未来的工作中开发出更有效的方法来保护和释放 DNA 瓦片，也许可以通过引入蛋白质或结构转换适体来控制折纸模块化。此处显示的逻辑操作的成功实施证明，核酶介导的 DNA 自组装可用于构建级联逻辑门并实现可控制的信息传递。

2. 适体结合引导自组装逻辑门

本项研究是上述工作的延续，在这里，我们引入 DNA 适体继续优化了基于图案的 DNA 折纸逻辑系统，以响应两个低分子量刺激物：三磷酸腺苷(adenosine triphosphate，ATP)和可卡因。这些小分子与 DNA 适体和 DNA 核酶结合使用，作为"输入"信号来引导 DNA 瓦片填充到折纸内预先设计的特定空腔中，以产生不同的图案和荧光信号输出。通过刺激物触发，实现了一系列逻辑门(或门、是门和与门)。另外，基于"锁定/解锁"策略，我们实现了分别通过适体靶标结合和 DNA 核酶切割来控制构图过程，用 AFM 和荧光的结果来研究 DNA 折纸系统的输出。

本项研究中我们使用的折纸结构与上面的研究完全相同，如图 5.42 所示。具体工作如下。

首先，基于适体结合的"锁定/解锁"策略建立了"或"逻辑门(图 5.46(a))。在锁定步骤中，瓦片 A 或 B 通过与保护链 PA 或 PB 杂交而失活，保护链 PA 或 PB 分别在中间区域包含适体识别的 ATP 和可卡因序列。它们分别在砖瓦 A 和 B 的末端结合以形成受保护的瓦片 L-A 或 L-B，由于其黏性末端的封闭，它们失去了填充折纸中空腔的能力。然后，在"解锁"步骤中，可以通过添加与特定保护链上的适体序列结合的适体靶标(ATP 或可卡因)来去除 L-A 或 L-B 末端的保护链(PA 或 PB)，形成适体底物复合物(PA + ATP)或(PB +可卡因)。特定的结合导致保护链从瓦片解离，以产生自由瓦片 A 或 B，且其黏性末端暴露在外。锁定和解锁过程通过 PAGE 实验进行了确认(图 5.46(c))。

"或"门系统由折纸框架 1 和两个受保护的瓦片 L-A 和 L-B 组成。瓦片 A 和 B 经过专门设计，可分别填充到孔 H1 和 H2 中。用 ATP 或可卡因或两者同时处理时，可以激活相应的受保护瓦片，并将其填充到折纸框架中的特定孔中，以产生特定的图案(图 5.46(a)和图 5.46(b))。在 ATP(1mM)存在的情况下，图块 A 从锁定的 L-A 中释放出来并填充到 H1 中，从而导致 H1 消失并仅留下可观察到的

$H2$（图 5.46(b)）。同样，在可卡因(0.4mM)存在的情况下，瓦片 $L\text{-}B$ 被激活以释放瓦片 B，导致 $H2$ 消失（图 5.46(b)）。此外，当同时引入 ATP 和可卡因时，瓦片 $L\text{-}A$ 和 $L\text{-}B$ 均被激活以分别填充 $H1$ 和 $H2$，从而形成了矩形的折纸图案，没有可观察到的孔（图 5.46(b)）。值得注意的是，此实验仍然存在一些不完全的填充模式，尤其是在 $H2$ 附近。

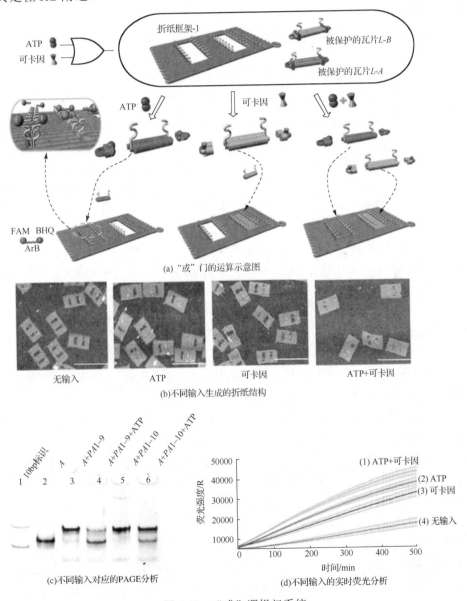

(a) "或" 门的运算示意图

(b)不同输入生成的折纸结构

(c)不同输入对应的PAGE分析

(d)不同输入的实时荧光分析

图 5.46　"或" 逻辑门系统

　　为了更好地监测填充结果，采用了与上一个研究相同的方法，即引入了 Mg^{2+} 依赖的 E6 型核酶-1 将结构变化信息转换为荧光信号变化，具体设计在此不再赘述。荧光检测结果显示，在 ATP 或可卡因存在下，荧光信号显著增加(图 5.46(d) 中曲线(2)和(3))，与预期一致。同时添加 ATP 和可卡因比单独使用任一输入产生的荧光信号增加更大(图 5.46(d)中曲线(1))，这可能是由两个填充过程中产生了大量的核酶-1 而引起的。但是，在没有任何输入的情况下，仍然观察到少量荧光，这表明在对照实验中仍然发生了一些泄漏(图 5.46(d)中曲线(4))，这可能是由瓦片的锁定不完全所致。

　　为了探索模式策略的多功能性，构建了两层"是"门，其中包括非活动的核酶-2，受保护的瓦片 L-C 和折纸框架 2(图 5.47(a))。在这里，引入核酶切割作为一种工具，通过对保护链的特异性切割来激活瓦片填充。最初，通过将外源 ATP 适体序列插入保守的环结构域来使核酶-2 失活，因为柔性环对 Mg^{2+} 的结合缺乏亲和力，因此抑制了其切割活性。在第一层中，添加 ATP(1mM)可使 ATP 适体结构域折叠成发夹状适体-ATP 复合物，从而在结构上加强核酶序列中的环区。因此，活化的核酶-2 能够结合 Mg^{2+} 并恢复其切割活性。随后，在第二层中，保护链 PC1 和 PC2(核酶-2 的底物)被切割，从而导致瓦片 C 上黏性末端暴露并填充 H2。瓦片填充后，在瓦片和空腔的边界处生成核酶-3(图 5.47(a))，该酶靶向切割荧光报告分子 CrD(15nt，0.2μM)，从而增加荧光信号。链 CrD 在 5′端被荧光团(FAM) 和在 3′端被淬灭剂(BHQ)功能化，中间有一个核糖核苷酸残基。

　　在有 ATP 加入的情况下，AFM 结果显示折纸框架 2 的 H2 消失了，只剩下清晰可见的 H1(图 5.47(b))。在这些 AFM 图像中，通常会观察到一些不完全填充，这可能是由两层反应过程的低动力学性和由折纸框架的中心接缝靠近 H2 引起的结构变形所致。相反，在没有 ATP 的情况下，没有产生活性的核酶-2 来触发填充，折纸有两个可观察到的空腔(图 5.47(c))。

　　此外，我们进一步监测了随时间变化的荧光强度以测试该设计。引入 ATP 后，检测到显著的荧光增强(图 5.47(d)中曲线(1))，表明生成了活性核酶-2。有趣的是，在相同时间荧光增加远低于"或"门的荧光增加，表明两层逻辑运算的反应速率较慢。在对照实验中，没有 ATP 的情况下没有观察到明显的荧光增加(图 5.47(d)中曲线(2))。这些结果证明了两层"是"门的成功运行。

　　接下来，我们使用 ATP 和可卡因作为两个输入，建立了一个"与"逻辑门，此门采用了混合操作策略，包括适体结合和核酶活性。在"与"门中，初始系统由折纸框架 3 和受保护的瓦片 L-D 组成(图 5.48(a))。瓦片 D 可以填充到 H2 中。值得注意的是，折纸框架 3 上延伸的辅助链有 3 个部分：一半的核酶-4(依赖 Mg^{2+} 的环结构域)、外源 ATP 适体序列和黏性末端(与瓦片 D 结合的黏性末端)。类似地，D 通过与在中心区域中包含可卡因适体序列的保护链 $PD1$ 和 $PD2$ 杂交生成受保护的瓦片 $L\text{-}D$。

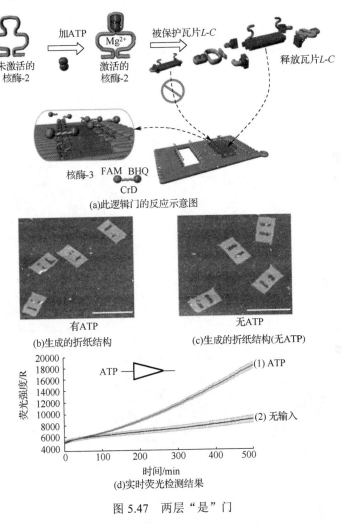

(a)此逻辑门的反应示意图

有ATP

(b)生成的折纸结构

无ATP

(c)生成的折纸结构(无ATP)

(d)实时荧光检测结果

图 5.47　两层"是"门

　　首先，在存在 ATP 的情况下，尽管折纸框架 3 上形成了适体-ATP 复合物，但受保护的瓦片 $L\text{-}D$ 仍处于锁定状态，无法填充框架（图 5.48（a））。因此，通过 AFM 成像仍可观察到两个空心孔（图 5.48（b））。在这种情况下，未观察到明显的荧光增强（图 5.48（c）中的曲线（1））。但是实际上，仍然检测到轻微的增加，这可能是由受保护的瓦片 $L\text{-}D$ 填充到折纸中而引起的泄漏。接下来，在添加可卡因后，通过形成适体-可卡因复合物激活瓦片 $L\text{-}D$，导致瓦片填充到 $H2$ 中，这在图 5.48（b）中由 AFM 结果证明。但是，与"或"门不同，荧光没有相应增加（图 5.48（c）

中曲线(2))。可以解释为，将外来 ATP 适体序列掺入 Mg^{2+} 依赖性环结构域会大大抑制核酶-4 活性。最后，当同时存在 ATP 和可卡因时，满足两个条件：①适体-可卡因复合物解锁瓦片，并使其填充到 $H2$ 中；②适体-ATP 络合物的形成使折纸上核酶-4 的环序列变硬，以恢复其切割能力。在这种情况下，AFM 结果表明 $H2$ 几乎完全被瓦片 D 填充(图 5.48(b))。同时，底物报告链 ArB 被核酶-4 裂解，使荧光强度显著增加(图 5.48(c)中曲线(3))。

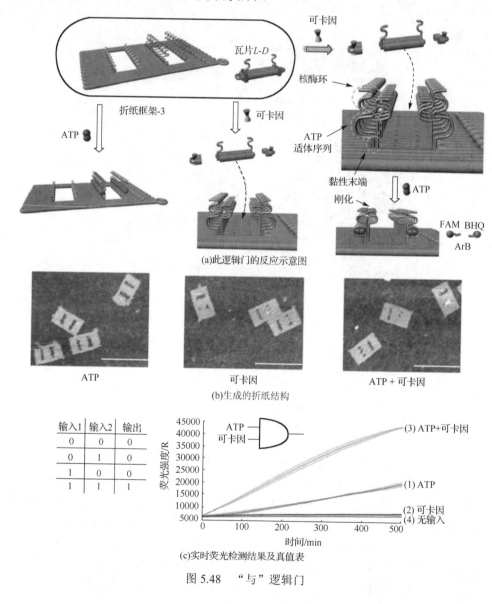

(a)此逻辑门的反应示意图

(b)生成的折纸结构

输入1	输入2	输出
0	0	0
0	1	0
1	0	0
1	1	1

(c)实时荧光检测结果及真值表

图 5.48　"与"逻辑门

在这项研究中，我们提出的策略是通过适体-靶标结合介导的链置换或构象改变和二聚体 DNA 酶切割来操纵的。通过 AFM 成像和时间依赖性荧光变化证实了计算结果。在这项研究中，填充图案被调节为以可控和可编程的方式执行各种 2D 几何配置。此外，通过 DNA 酶切策略，结构纳米图案信息转化为物理化学信号。多重刺激也可以适应基本的逻辑门操作，为构造复杂的分子逻辑电路和纳米器件提供了一种有希望的方法。

5.5　本章小结

在注重计算性能的今天，DNA 计算凭借着超高的并行性及海量的信息存储能力，与量子计算、光子计算等成为新一代计算机的热门研究领域。DNA 分子及其操控多样性为 DNA 计算提供了广阔的操作空间与多样化的发展路线。从目前已经解决的计算问题来看，其已体现出了惊人的应用潜力。DNA 电路作为 DNA 计算的经典组成部分，已被证明可以用于解决较为复杂的计算问题。同时，随着 DNA 分子与各种反应材料的不断交互，多种纳米材料参与的 DNA 电路也被构建用于解决计算问题。

经过科学家们近二十年的不懈努力，分子计算以由最初的"纸上谈兵"快速地发展到了初步的实践阶段。他们不断尝试将 DNA 计算与多种先进技术结合，通过引入不同的技术来设计复杂的分子计算模型。这样不仅扩大 DNA 计算体系，可以解决更多实际问题，在医疗、传感、检测、信息安全等更多的领域之中广泛应用，也极大地促进了相关领域的发展，如数学、计算机科学、生物学、化学和工程等。当今世界范围内正在经历新的一轮科技革命和产业变革，科学技术越来越深的影响着国家前途命运和人民生活福祉。科学计算作为尖端科技领域如航天、核能等领域发展的重要基础，计算能力的强弱成为衡量一个国家综合实力的一部分。DNA 计算作为未来计算的发展方向之一，在信息处理、高性能计算、生物传感、纳米检测等方面都有着巨大的应用前景。20 世纪后期兴起的 DNA 纳米技术，为我国科技实力的提升提供了良好的机遇。

纳米材料包含的范围较广，在纳米组装、医疗检测、靶向治疗等领域有着广泛的发展前景，其中，DNA 折纸及纳米金因为与 DNA 分子具备良好的交互性与多样的可变性，在近些年被不断开发应用于构建 DNA 电路。对比以游离态的 DNA 分子为材料基础的 DNA 电路，与纳米材料相结合的界面 DNA 电路在空间构象上具备前所未有的优势。正如 DNA 计算的链置换原理是基于熵的 DNA 分子结构变换，纳米材料同样具备优秀的组装与变构能力，其中，DNA 折纸及纳米金材料以其多样化的可组装性与优秀的界面反应稳定性，在 DNA 电路系统中得到了相当程度的重视与发展，其与 DNA 链置换、生物酶、核酸适配体等 DNA 分子生物手段有着广泛的结合，发展出纳米信息存储、纳米材料 DNA 电路、纳米半导体等 DNA 计算研究方向。伴随着新型纳米材料及结构的持续开发，基于纳米材料的 DNA 电路技术有着巨大的发展空间。

　　基于末端延长部分链置换介导的 DNA 电路，其反应严格遵循动力学规律与熵。当 DNA 链被精准设计后，可以预测链置换后由 DNA 链所构成的分子结构。而输入链的多样性与输出结果的准确性正是实现精准大规模运算的前提条件。因此，近些年发展出大量可编程 DNA 电路模型，包括级联 DNA 电路、催化放大 DNA 电路、仿生计算等。单纯依靠 DNA 链置换的 DNA 电路在控制手段及信息处理方式上较为单一。随着 DNA 计算研究的加深，与 DNA 分子相关的各种生物处理手段与材料被不断地引入 DNA 电路系统中，逐渐形成了以 DNA 分子为主导，多样化生物信息为扩展的新型 DNA 电路模型。生物酶、纳米颗粒及其他纳米材料凭借着多样性、可设计性及与 DNA 分子交互性强等优势，与 DNA 分子的链置换等机理相结合开发出了众多的 DNA 电路模型。例如，基于核酶的 DNA 计算模型，把金属离子识别、特异性识别序列以及生物酶切割的概念及手段引入到 DNA 电路系统中，并且随着研究的不断深入，核酶本身结构与性能的可调控性也逐步发展为一个研究热点，如 DNA 电路的控制尤其是开关控制，在结合 DNA 核酶后有了长足的发展。在近些年出现了较多的以核酶为主导因素的复杂计算模型，良好的可调控性使核酶在 DNA 电路中有着广阔的发展前景。

　　经过三十多年的积累，有关 DNA tile 结构的研究工作非常丰富，从二维结构到三维结构，从周期结构到非周期结构。DNA tile 自组装具有以下特点：DNA tile 可以重复利用几种链自组装成大面积的纳米结构，序列设计简洁。关于 tile 计算的研究，尤其是复杂运算尚处于理论可行的阶段，而现有的理论计算的设计思想主要基于 Winfree 提出的将 tile 作为 "Wang" tile 这一基本思想，由此设计的复杂运算会给实验设计带来难以克服的挑战。因为此类复杂运算会由于在实验上对结构设计的要求过高或者实验步骤太多、反应体系过于复杂等，所以实验体系过于复杂，结果无法预测，无法精确地实现计算功能。假使将 tile 与折纸的各自的优点结合起来构建大尺寸、丰富可寻址的结构，复杂运算在实验设计方面的问题将可能得到解决，已有的复杂理论计算模型则可在实验层面同样可行。或者未来 DNA 纳米技术取得更多突破性进展，足以克服实验设计中的问题时，有关 tile 的计算研究也将会得到进一步的发展。

　　目前，在 DNA 计算机模型的研究上存在的重点问题是：通用性差、指数爆炸问题、解的检测问题。由于以上原因，DNA 计算可以从以下几个方面入手。①在所有的 DNA 计算中，最为重要的问题之一是编码问题。DNA 序列的编码实际上是数学上的一个很困难的组合优化问题。在 DNA 计算中，作为"数据"的 DNA 分子不能随机地产生，原因是诸如氢键引力的作用有可能导致不希望出现的发夹构型的 DNA 分子；还有问题的规模与 DNA 序列长度的选择问题等。所以，采用什么样的编码是 DNA 计算中的一个基本问题。进而要考虑的是编码的长度问题，若过长，则解空间"膨胀"，不仅产生巨大的资源浪费，而且给生物操作或者生化反应带来不必要的麻烦，使问题求解变得复杂，甚至难于求解。因此，如何根据具体的待解问题，给出尽可能优化的编码是 DNA 计算的另一个基本问题。②与 IT 技术的结合。可以利用 IT 技术，特别是电子计算机技术来帮助处理 DNA 计算机研究过程中的许多问题，如 DNA 分子的合成与生化反应相结合的自动化问题、DNA 计算机模型的通用性问题等。我们认为，DNA 计算机研究过程中某些的不可缺少的辅助性技术，也可通过 IT 技术来完成。③解的检测。如何将溶液状态下产生的众多解(DNA 链)中代表所求问题最终解的 DNA 链分离出来，寻找合理、有效的分离方法。关于这方面的研究，我们认为可以借助于新的分子结构，因此寻找适合计算的新的分子结构将是 DNA 计算研究的一个新课题。④降低空间复杂度。首先，如何降低时间复杂性转化时的空间复杂性，而如何降低空间复杂性牵涉到算法设计和编码。另外，结合其他相关算法如进化算法、遗传算法及神经网络算法等进行研究也是一个有效途径。最后，DNA 计算中编码的研究也是一个非常重要的研究方向。好的编码方法不仅可以解决复杂性转化问题，而且它关系到 DNA 计算的各个方面，如生化操作的可行性、错配率的高低、伪解的产生以及生化实验的成败。

　　DNA 电路技术在近些年发展迅速，相关论文不断在各大国际顶级权威期刊发表。国内外的研究学者每年都会在相关方面有较为重大的突破，与此同时，数学、物理、化学、生物等各个领域的众多专家学者纷纷加入到 DNA 电路相关的计算技术研究中来。目前，DNA 电路和分子计算越来越朝着跨学科、多元化、高精尖的方向发展。虽然，DNA 电路技术距离真正迈进实际应用还有很长的路要走，待开发的内容与待解决的问题依然很多，但是相信通过多学科交叉与融合，DNA 电路未来能够在信息科学、生物学、纳米技术和医学中得到广泛的应用。

第 6 章　总结与展望

6.1　DNA 计算小结

作为 20 世纪三大科学革命之一,计算机技术的发展给人类社会的进步带来了空前的推动作用,主要体现为其强大的计算能力在工作、学习、生活、生产中所带来的便捷。计算机科学家将计算问题划分为容易、困难和不可计算三类。电子计算机能够胜任容易类的计算问题,但由于芯片微处理能力等因素的限制,其无法处理困难类问题,如 NP-完全问题。随着社会的不断发展,科学计算中需要解决的问题极其复杂,因而量子计算机、光学计算机、纳米计算机、分子生物计算机等新型的高性能信息处理模式得到了快速的发展。DNA 计算因为其超强的优势而受到了广泛的关注,具体来说有三点:①高度并行性,DNA 计算机在一周内的运算量相当于所有电子计算机问世以来的总运算量;②储存量大,DNA 作为遗传信息的载体其信息存储容量之大可达到一立方米溶液中存储一万亿亿比特的二进制数据,远远超过目前所有电子计算机的总存储量;③耗能低,DNA 计算所消耗的能量只有一台电子计算机完成同样计算所消耗能量的十亿分之一。以上特点,使得 DNA 计算引起了科学家的广泛关注,成为下一代信息处理技术的研究热点。

6.2　DNA 计算基本模型综述

DNA 计算思想已提出了大半个世纪,以下列举的模型是现有的所有 DNA 计算的基本模型,其他模型都是在此基础上的变形,或者是针对其他特定问题的应用。

早在 1961 年,Feynman 提出了分子计算的概念,但是由于受到当时的实验条件的限制,他的构想并没有真正得以实现。1982 年,Seeman 提出了利用 DNA 分子构造各种简单构件的思想。1994 年,Adleman 首次提出了哈密尔顿有向路径问题的 DNA 分子生物计算方法,并成功地进行了实验,开创了计算科学的一个新领域。1995 年,Lipton 提出基于 DNA 计算求解可满足性问题的模型,最终筛选出满足条件的解。Seeman 首次提出了利用 DNA 分子构成自组装 tile 结构,他利用其中一种 DX tile 结构建立多种复杂的算法模型;对于二维的自组装模型,Winfree 称其为"tile 自组装模型"。Winfree 提出利用 DNA tile 自组装模型进行计算的重要思想，并证明了二维自组装模型有通用计算能力。2000 年，Mao 等首次通过实验给出了自组装 DNA 计算模型求解累积异或运算的实现过程和方法。1997 年，Ouyang 等提出了求解 6 顶点图的最大团问题的 DNA 计算模型。其后，Eng 提出了一种基于 DNA 表面计算求解可满足性问题的计算模型。1997 年，Hagiya 等首次将单链 DNA 分子形成的发卡结构用于 Booleanu-formula 的学习问题，利用该结构实现了分子的自动控制问题。Head 等首次使用质粒 DNA 模型求解了一个 6 顶点图的最大独立集问题，通过将逻辑运算的约束编码用于构造 DNA 分子，成功地利用这种自发形成的二级结构解决了 6 变量的可满足性问题。2002 年，Braich 等提出了粘贴 DNA 计算模型，并运用该模型成功求解了 20 变量的可满足性问题。

6.3　DNA 计算的优缺点

目前，DNA 计算已经成为新型计算模型研究的焦点，其与各类控制技术相结合，形成了基于链置换的 DNA 计算、基于瓦片的 DNA 计算、基于纳米颗粒的 DNA 计算等多种模型。这些 DNA 计算模型的深入研究，不仅直接影响着芯片领域以及大规模计算领域，而且还对逻辑研究、密码破译、生物医学等相关领域的发展产生了重要影响。例如，未来的基于 DNA 计算的分子密码体系以及细胞内利用 DNA 计算控制释放药物等应用。尽管 DNA 计算已经取得了瞩目的进展，但是其研究总体还是处于刚刚起步的阶段，还有大量的如模型设计与优化、DNA 编码、解的检测、解空间指数爆炸、伪解排除等根本性问题亟待解决。研究表明，DNA 计算模型具有如下优势：①高度的并行性；②存储容量极大；③可将问题的非解排除在初始解空间之外，降低了问题求解的复杂度；④具有低能耗的特点，在同样计算量的条件下，分子计算机需要的能量仅为电子计算机的十亿分之一；⑤能够在更细微水平上实现精确的计算，如扩展了在单分子纳米水平上的计算手段。DNA 计算的研究成果能够为密码系统的破译、NP 困难问题求解、大规模图像信息处理、蛋白质结构预测与优化等提供强有力的技术支撑；能够尽可能发挥 DNA 计算的优势，为国防建设、信息安全、基础科学研究、生命科学研究等方面提供更好的服务。

尽管 DNA 计算已经在 DNA 计算模型、DNA 计算机系统、实际问题应用研究等方面取得长足的进展，但是总体而言，DNA 计算的研究还处于初始阶段，还面临着大量的理论挑战和实际问题。现有模型中采用的生物操作大多具有不完整性，计算过程中会产生伪解，误差累积会严重影响 DNA 计算结果。DNA 计算仍然存在一些不足之处：①规模性问题，算法中所需要的核苷酸分子数呈指数倍增加，DNA 链会随着 DNA 计算问题规模的增大而增长，从而增加大规模问题 DNA

链过长容易断裂等问题，限制了 DNA 计算规模；②普遍性问题，大多数 DNA 计算模型只能针对某一类特定的问题，不具备普遍性，从而使 DNA 计算模型得不到很好的推广；③精确性问题，DNA 实验操作对无关因素的控制不佳，DNA 生化反应容易出错，酶的效率发挥不够，都会影响实验结果的精确度，已有学者通过对生物操作的选用、对生物操作条件更为精确的控制，降低生化实验中产生的误差，建立重复性好、可靠度高的实验体系等，然而，这些操作较为复杂，还并没有达到 DNA 计算实用性的要求；④解的检测问题，这是 DNA 计算研究中的重要问题，是研制 DNA 计算机的关键、最困难问题之一，尽管通过电泳技术、PCR 扩增等技术能够将所需的解检测出来，然而这些方法都依赖于基因工程检测技术的发展而发展，这严重阻碍了 DNA 计算机的发展。面对这些问题与挑战，相信 DNA 分子理论及实验方法、分子生物学技术的快速发展，必然能够为 DNA 计算研究提供新理论、新方法。例如，当前新的 CRISPR/Cas9 基因编辑技术凭借其所具有的易用性、精确性、高效性、特异性、多功能性等巨大优势，必然能够解决上述 DNA 计算问题，尤其是对 DNA 计算过程中噪声的控制问题。尽管 DNA 计算已经在计算模型研究、生物计算机研制、DNA 计算应用研究等方面取得了丰厚的成果，但是，DNA 计算还处于探索的过程中，其中还存在很多实际问题和理论问题，需要进一步进行更为深入的研究。相信随着生物技术、纳米技术等不断地发展进步，不仅能够解决现有的问题，同时，DNA 计算也会得到长足的发展。围绕着 DNA 计算存在的问题，未来需要在面向 DNA 计算的 DNA 编码设计、DNA 计算的噪声控制、基于 DNA 计算的逻辑门、基于三维自组装的 DNA 计算等方面展开深入的研究，进一步促进 DNA 计算技术的发展。

6.4　DNA 计算面对的问题以及展望

需要指出的是，DNA 计算对实验环境要求较为严苛，实验温度、溶液浓度的变化都会给最终的结果带来影响。以 DNA tile 自组装为例，序列设计、温度控制和反应时间的长短会直接影响 tile 合成的效率，而对于一锅法实现的 tile 自组装模型，则需要审慎地考虑不同 tile 之间可能会存在的错配、移位等问题。尽管有些模型的 tile 种类复杂度并不高，但是考虑到黏性末端的互补问题，将会导致 tile 的种类呈现组合型的增长，而在实际操作中，根据作者的实验经验，当 tile 的种类超过 10 种后，由于溶液中分子间相互作用力的影响，tile 的组装速度将会大大降低，且错配的概率会大幅度上升。前面提到，DNA 计算的优势在于其极强的信息存储能力和超大规模的并行计算能力，而在通用计算尤其是普通的四则运算方面，电子计算机的优势更大。因此，对于 DNA 计算模型和要解决的问题的研究应该侧重于针对电子计算机所无法有效求解的 NP 问题，建立以问题为导向的专用 DNA 计算机。

近年来，随着 DNA 折纸术的提出和发展，DNA tile 自组装模型受到了更多学者的青睐，相对而言，该模型所需要的人工干预较少，可自发进行；同时，随着纳米材料、DNA 高通量测序等技术的发展，其应用的技术支撑将更为充分。如果可以将 tile 的内部框架固化，使得升温解链时只针对黏性末端部分，则有望实现 tile 的重复利用，真正建立可循环使用的 DNA tile 自组装模型，同时省去 tile 合成的时间，有效提升相关模型的计算速度。此外，由于 DNA 单链可以吸附在碳纳米管、金属纳米颗粒的表面，利用 DNA 的可编程与可计算能力，可以实现特定结构的碳纳米管及其他纳米级金属装置的程序化组装，得到具有优良电化学性质的纳米材料，反过来推动电子计算机的发展。

DNA 计算的最终研究目标是构造 DNA 计算机，这就必须进行生化实验。现有的 DNA 计算模型大部分都是理论研究，是否可以通过生化实验进行实现还有待进一步研究。生化实验不仅可以验证算法的优劣而且可以为进一步研究提供不断改进的方案。因此，我们认为及时对现有的 DNA 计算模型进行生化实验的研究都是有意义的。总之，随着生物技术的不断发展，特别是越来越多研究者的参与，DNA 计算的研究将会出现一个崭新的局面。

参 考 文 献

[1]   Vlatko V, Martin B. Basic of quantum computation[J]. Progress in Quantum Electronics, 1998, 22: 1-39.

[2]   李承祖. 量子通信和量子计算[M]. 长沙: 国防科技大学出版社, 2000.

[3]   Gao F, Niu H, Zhao H. A study on numerical simulation of imager construction in optical computer tomography[J]. Bioimaging, 1997, 5(2): 51-57.

[4]   Adleman L M. Molecular computation of solution to combinational problem[J]. Science, 1994, 266(5187): 1021-1024.

[5]   Lipton R J. DNA solution of hard computational problems[J]. Science, 1995, 268(5210): 542-545.

[6]   Sakamoto K, Gouzu H, Komiya K, et al. Molecular computation by DNA hairpin formation[J]. Science, 2000, 288(5469): 1223-1226.

[7]   Ouyang Q, Kaplan P D, Liu S, et al. DNA solution of the maximal clique problem[J]. Science, 1997, 278(5337): 446-449.

[8]   Liu Q, Wang L, Frutos A, et al. DNA computing on surfaces[J]. Nature, 2000, 403(6766): 175-179.

[9]   Roweis S, Winfree E, Burgoyne R, et al. A sticker based architecture for DNA computation[C]//Proceeding of 2nd Annual Meeting on DNA Based Computers, 1996.

[10]   许进, 董亚非, 魏小鹏. 粘贴 DNA 计算机模型(I): 理论[J]. 科学通报, 2004, 49(3): 205-212.

[11]   Paun G. DNA computing based on splicing: Universality result[J]. Theoretical Computer Science, 2000, 231(2): 275-296.

[12]   Paun G, Rozenberg G, Salomaa A. DNA Computing: New Computing Paradigms[M]. Berlin: Spirnger, 1998.

[13]   Takahara A, Yokomori T. On the computational power of insertion-deletion systems[C]// Proceeding of 8th International Meeting on DNA Based Computers, 2002, 2(4): 269-280.

[14]   Kari L, Paun G, Thierrin G, et al. At the crossroads of DNA computing and formal languages: Characterizing recursively enumerable languages by insertion-deletion systems[C]// DNA Based Computers Ⅲ, DIMACS Series, American Mathematical Society, 1999, 48: 329-347.

[15]   Seeman N, Zhang Y, Du S M, et al. Construction of DNA polyhedra and knots through

symmetry minimization[M]// Supramolecular Stereochemistry. Netherlands: Springer, 1995: 27-32.

[16] Jonoska N, Karl S A, Saito M. Three dimensional DNA structures in computing[J]. BioSystems, 1999, 52(1): 143-153.

[17] Fang G, Zhang S, Zheng A, et al. The molecular algorithm of connectivity based on three dimensional DNA structure[J]. Journal of Electronic, 2007, 24(1): 104-107.

[18] Zhang X, Wang Y, Chen Z, et al. Arithmetic computation using self-assembly of DNA tiles: Subtraction and division[J]. Progress in Natural Science, 2009, 19(3): 377-388.

[19] Zhang X, Niu Y, Cui G, et al. Application of DNA self-assembly on graph coloring problem[J]. Journal of Computational & Theoretical Nanoscience, 2009, 6(5):1067-1074.

[20] Cheng Z, Xu J, Huang Y, et al. Algorithm of solving the subset-product problem based on DNA tile self-assembly[J]. Journal of Computational & Theoretical Nanoscience, 2009, 6(5): 1161-1169.

[21] Freund R, Paun G, Rozenberg G, et al. Watson-Crick finite automata[J]. DNA Based Computers Ⅲ, 1999: 297-327.

[22] Rothemund P. A DNA and restriction enzyme implementation of Turing Machine[C]//DNA Based Computers: Proceedings of the DIMACS Workshop, Rhode Island, 1996.

[23] Lai J, Zimmermann K H. A software platform for the sticker model[R]. Hamburg: Technische University Hamburg, 1996.

[24] Sakakibara Y, Kobayashi S. Sticker systems with complex structures[J]. Soft Computing, 2001, 5(2): 114-120.

[25] Shapiro E, Benenson Y, Adar R, et al. Programmable and autonomous computing machine made of biomolecules[J]. Nature, 2001, 414(6862): 430-434.

[26] Head T, Rozenberg G, Bladergroen R S, et al. Computing with DNA by operating on plasmids[J]. BioSystems, 2000, 57(2): 87-93.

[27] Faulhammer D, Cukras A R, Lipton R J. Molecular computation: RNA solutions to chess problems[J]. Proceedings of the National Academy of sciences of the United States of America, 2000, 97(4): 1385-1389.

[28] Seelig G, Soloveichik D, Zhang D, et al. Enzyme-free nucleic acid logic circuits[J]. Science, 2006, 314(5805): 1585-1588.

[29] Zhang D Y, Turberfield A J, Yurke B, et al. Engineering entropy-driven reactions and networks catalyzed by DNA[J]. Science, 2007, 318(5853): 1121-1125.

[30] Qian L, Winfree E. Scaling up digital circuit computation with DNA strand displacement cascades[J]. Science, 2011, 332(6034): 1196-1201.

[31]　Yang J, Wu R F, Li Y, et al. Entropy-driven DNA logic circuits regulated by DNAzyme[J]. Nucleic Acids Research, 2018, 46(16): 8532-8541.

[32]　Zheng X D, Yang J, Zhou C, et al. Allosteric DNAzyme-based DNA logic circuit: Operations and dynamic analysis[J]. Nucleic Acids Research, 2019, 47(3): 1097-1109.

[33]　Wu H Y.An improved surface-based method for DNA computation[J]. BioSystems, 2001, 59(1): 1-5.

[34]　Su X, Smith L M. Demonstration of a universal surface DNA computer[J]. Nucleic Acids Research, 2004, 32(10): 3115-3123.

[35]　Livstone M S, Weiss R, Landweber L F. Automated design and programming of a microfluidic DNA computer[J]. Natural Computing, 2006, 5(1): 1-13.

[36]　Kou S, Lee H, van Noort D, et al. Fluorescent molecular logic gates using microfluidic devices[J]. Angewandte Chemie, 2008, 47(5): 872-876.

[37]　van Noort D, Tang Z, Landweber L F, et al. Fully controllable microfluidics for molecular computers[J]. Journal of the Association for Laboratory Automation, 2004, 9(5): 285-290.

[38]　Livstone M S, Landweber L F. Mathematical considerations in the design of microreactor-based DNA computers[C]// International Workshop on DNA Computing. DBLP, 2003: 180-189.

[39]　Li W G, Ding Y S. A microfluidic systems-based DNA algorithm for solving special 0-1 integer programming problem[J]. Applied Mathematics and Computation, 2007, 185(2): 1160-1170.

[40]　Gao L, Xu J. DNA solution of vertex cover problem based on sticker model[J]. Chinese Journal of Electronics, 2002, 11(2): 280-284.

[41]　Yang C N, Yang C B. A DNA solution of SAT problem by a modified sticker model[J]. BioSystems, 2005, 81(1): 1-9.

[42]　王淑栋, 刘文斌, 许进. 图的最小顶点覆盖问题的质粒 DNA 计算模型[J]. 华中科技大学学报(自然科学版), 2004, 32(11): 59-61.

[43]　高琳, 马润年, 许进. 基于质粒 DNA 匹配问题的分子算法[J]. 生物化学与生物物理进展, 2002, 29(5): 820-823.

[44]　Braich R S, Chelyapov N, Johnson C, et al. Solution of a 20-variable 3-SAT problem on a DNA computer[J]. Science, 2002, 296(5567): 499-502.

[45]　Xu J, Qiang X L, Fang G, et al. A DNA computer model for solving vertex coloring problem[J]. Chinese Science Bulletin, 2006, 51: 2541-2549.

[46]　Zhang C, Ma L N, Dong Y F, et al. Molecular logic computing model based on DNA self-assembly strand branch migration[J]. Chinese Science Bulletin, 2013, 58(1): 32-38.

[47]　殷志祥, 许进. 分子信标芯片计算在 0-1 整数规划问题中的应用[J]. 生物数学学报, 2007,

22(3): 559-564.

[48] Zhao J, Qian L L, Liu Q, et al. DNA addition using linear self-assembly[J]. Chinese Science Bulletin, 2007, 52(11): 1462-1467.

[49] 孟大志, 仲国强, 王丽娜. DNA 芯片组技术及其在解决 NP 问题中的应用[J]. 北京工业大学学报, 2009, 35(5): 685-689.

[50] 周康, 同小军, 刘文斌, 等. 最短路问题的闭环 DNA 算法[J]. 系统工程与电子技术, 2008, 30(3): 556-560.

[51] 周康, 魏传佳, 刘朔, 等. 可满足性问题的闭环 DNA 算法[J]. 华中科技大学学报(自然科学版), 2009, 37(7): 75-78.

[52] 周康, 同小军, 许进. 基于 DNA 计算的指派问题[J]. 华中科技大学学报(自然科学版), 2008, 36(2): 40-43.

[53] Landweber L F, Lipton R J. DNA^2 DNA computations: A potential "killer app"? [C] //Proceeding of 3rd Annual DIMACS Meeting on DNA Based Computers, 1997.

[54] Cukras A R, Faulhammer D, Lipton R J, et al. Chess games: A model for RNA based computation[J]. Biosystems, 1999, 52(1): 35-45.

[55] Kramer B P, Fischer C, Fussenegger M, et al. BioLogic gates enable logical transcription control in mammalian cells[J]. Biotechnology and Bioengineering, 2004, 87(4): 478-484.

[56] Rinaudo K, Bleris L, Maddamsetti R, et al. A universal RNAi-based logic evaluator that operates in mammalian cells[J]. Nature Biotechnology, 2007, 25(7): 795-801.

[57] 刘向荣, 王淑栋, 郗方, 等. 最小支配集问题的活体分子计算模型[J]. 计算机学报, 2009, 32(12): 2325-2331.

[58] Wang H. Dominoes and the AEA case of the decision problem[C]//Proceedings of the Symposium in the Mathematical Theory of Automata, 1963: 23-55.

[59] Fu T J, Seeman N C. DNA double-crossover molecules[J]. Biochemistry, 1993, 32(13): 3211-3220.

[60] Winfree E, Liu F R, Wenzler L A, et al. Design and self-assembly of two-dimensional DNA crystals[J]. Nature, 1998, 394(6693): 539-544.

[61] Seeman N C. DNA nanotechnology: Novel DNA constructions[J]. Annual Review of Biophysics & Biomolecular Structure, 1998, 27(1): 225-248.

[62] Carbone A, Seeman N C. Circuits and programmable self-assembling DNA structures[J]. Proceedings of the National Academy of Sciences of the United States of America, 2002, 99(20): 12577-12582.

[63] Qiu Z F. Arithmetic and logic operations for DNA computers[C]// International Conference on Parallel and Distributed Computing and Networks, 1998: 481-486.

[64] Barua R, Misra J. Binary arithmetic for DNA computers[C]//International Workshop on DNA Based Computers, 2002: 124-132.

[65] Mao C, Labean T H, Reif J H, et al. Logical computation using algorithmic self-assembly of DNA triple crossover molecules[J]. Nature, 2000, 407(6803): 493-496.

[66] Brun Y. Arithmetic computation in the tile assembly model: Addition and multiplication[J]. Theoretical Computer Science, 2007, 378(1): 17-31.

[67] Brun Y. Solving NP-complete problems in the tile assembly model[J]. Theoretical Computer Science, 2008. 395(1): 31-46.

[68] Brun Y. Nondeterministic polynomial time factoring in the tile assembly model[J]. Theoretical Computer Science, 2008, 395(1): 3-23.

[69] Moshe M, Elbaz J, Willner I. Sensing of UO22+ and design of logic gates by the application of supramolecular constructs of ion-dependent DNAzymes[J]. Nano Letters, 2009, 9(3): 1196-1200.

[70] Bi S, Yan Y, Hao S, et al. Colorimetric logic gates based on supramolecular DNAzyme structures[J]. Angewandte Chemie International Edition, 2010, 49(26): 4438-4442.

[71] Elbaz J, Wang F, Remacle F, et al. pH-programmable DNA logic arrays powered by modular DNAzyme libraries[J]. Nano Letters, 2012, 12(12): 6049-6054.

[72] Brown C W, Lakin M R, Stefanovic D, et al. Catalytic molecular logic devices by DNAzyme displacement[J]. Chembiochem, 2014, 15(7): 950-954.

[73] Orbach R, Wang F, Lioubashevski O, et al. A full-adder based on reconfigurable DNA-hairpin inputs and DNAzyme computing modules[M]. Chemical Science, 2014, 5(9): 3381-3387.

[74] Wu N, Willner I. DNAzyme-controlled cleavage of dimer and trimer origami tiles[J]. Nano Letters, 2016: 2867-2872.

[75] Elbaz J, Teller C, Wang F, et al. Amplified detection of DNA through an autocatalytic and catabolic DNAzyme-mediated process[J]. Angewandte Chemie, 2011, 123(1): 309-313.

[76] Su H, Xu J, Wang Q, et al. High-efficiency and integrable DNA arithmetic and logic system based on strand displacement synthesis[J]. Nature Communications, 2019, 10(1): 1-8.

[77] Zhang C, Wang Z, Liu Y, et al. Nicking-assisted reactant recycle to implement entropy-driven DNA circuit[J]. Journal of the American Chemical Society, 2019, 141(43): 17189-17197.

[78] Holland J H. Adaptation in Natural and Artificial Systems[M]. Ann Arbor: The University of Michigan Press, 1975.

[79] 任立红, 丁永生, 邵世煌. DNA 计算研究的现状与展望[J]. 信息与控制, 1999, 28(4): 241-248.

[80] Goodman M F, Creighton S, Bloom L B, et al. Biochemical basis of DNA replication fidelity[J]. Critical Reviews in Biochemistry & Molecular Biology, 1993, 28(2): 83-126.

[81] Chang W, Guo M. Solving the set cover problem and the problem of exact cover by 3-sets in the Adleman-Lipton model[J]. BioSystems, 2003, 72(3): 263-275.

[82] Guo X, Li F, Bai L, et al. Gene circuit compartment on nano-interface facilitates cascade gene expression[J]. Journal of the American Chemical Society, 2019, 141(48): 19171-19177.

[83] Chen X, Wang Y, Liu Q, et al. Construction of molecular logic gates with a DNA-cleaving deoxyribozyme[J]. Angewandte Chemie, 2006, 118(11): 1791-1794.

[84] Chakraborty B, Sha R, Seeman N C, et al. A DNA-based nanomechanical device with three robust states[J]. Proceedings of the National Academy of Sciences of the United States of America, 2008, 105(45): 17245-17249.

[85] Amos M, Paun G, Rozenberg G, et al. Topics in the theory of DNA computing[J]. Theoretical Computer Science, 2002, 287(1): 3-38.

[86] 王淑栋,宋弢,李二艳. DNA Golay 码的设计与分析[J]. 电子学报, 2009, 37(7): 1542-1545.

[87] 张凯,肖建华, 耿修堂,等. 基于汉明距离的 DNA 编码约束研究[J]. 计算机工程与应用, 2008, 44(14): 24-26.

[88] 朱翔鸥, 刘文斌, 陈丽春,等. 用线性码构造 DNA 计算编码的海明距离[J]. 计算机工程与应用, 2007, 43(25): 37-40, 121.

[89] Dirks R M, Lin M, Winfree E, et al. Paradigms for computational nucleic acid design[J]. Nucleic Acids Research, 2004, 32(4): 1392-1403.

[90] Darehmiraki M. A new solution for maximal clique problem based sticker model[J]. BioSystems, 2009, 95(2): 145-149.

[91] Yurke B, Turberfield A J, Mills A P, et al. A DNA-fuelled molecular machine made of DNA[J]. Nature, 2000, 406(6796): 605-608.

[92] Sharma J, Chhabra R, Cheng A, et al. Control of self-assembly of DNA tubules through integration of gold nanoparticles[J]. Science, 2009, 323(5910): 112-116.

[93] Claridge S A, Goh S L, Frechet J M, et al. Directed assembly of discrete gold nanoparticle groupings using branched DNA scaffolds[J]. Chemistry of Materials, 2005, 17(7): 1628-1635.

[94] Loweth C J, Caldwell W B, Peng X, et al. DNA-based assembly of gold nanocrystals[J]. Angewandte Chemie, 1999, 38(12): 1808-1812.

[95] Frezza B M, Cockroft S L, Ghadiri M R, et al. Modular multi-level circuits from immobilized DNA-based logic gates[J]. Journal of the American Chemical Society, 2007, 129(48): 14875-14879.

[96] Wang F , Lv H , Li Q , et al. Implementing digital computing with DNA-based switching circuits[J]. Nature Communications, 2020, 11(1): 121.

[97] Zhang C, Yang J, Xu J, et al. Circular DNA logic gates with strand displacement[J]. Langmuir, 2010, 26(3): 1416-1419.

[98] 刘向荣, 赵东明, 郗方,等. Research advances and prospect of biomolecular computing models in vivo[J]. 计算机学报, 2008, 31(12): 2103-2108.

[99] Dahm R. Friedrich Miescher and the discovery of DNA[J]. Developmental Biology, 2005, 278(2): 274-288.

[100] Levene P. The structure of yeast nucleic acid[J]. Journal of Biological Chemistry, 1919, 40(2): 415-424.

[101] Lorenz M G, Wackernagel W. Bacterial gene transfer by natural genetic transformation in the environment[J]. Microbiological Research, 1994, 58(3): 563-602.

[102] Avery O T, Macleod C M, Mccarty M. Studies on the chemical nature of the substance inducing transformation of pneumococcal types[J]. Resonance, 2007, 12(9): 83-103.

[103] Schrödinger E. What is Life? The Physical Aspect of the Living Cell[M]. Cambridge: Cambridge University Press, 1944.

[104] Hershey A D, Chase M. Independent functions of viral protein and nucleic acid in growth of bacteriophage[J]. The Journal of General Physiology, 1952, 36(1): 39-56.

[105] Watson J D, Crick F. The structure of DNA[J]. Cold Spring Harbor Symposia on Quantitative Biology, 1953: 123-131.

[106] Meselson M, Stahl F W. The replication of DNA[J]. Cold Spring Harbor Symposia on Quantitative Biology, 1958, 23: 9-12.

[107] Cavalieri L F, Rosenberg B H. The replication of DNA: I. Two molecular classes of DNA[J]. Biophysical Journal, 1961, 1(4): 317-322.

[108] Gregory S G, Barlow K F, Mclay K, et al. The DNA sequence and biological annotation of human chromosome 1[J]. Nature, 2006, 441(7091): 315-321.

[109] 刘荭. 聚合酶链式反应和基因芯片技术的研究及在主要水生动物病毒检疫和监测中的应用[D]. 武汉: 华中农业大学, 2004.

[110] 王晓囡. 多重聚合酶链式反应技术研究和应用[D]. 苏州: 苏州大学,2018.

[111] 萨姆布鲁克, 拉塞尔.分子克隆实验指南[M]. 3 版. 黄培堂, 译. 北京: 科学出版社, 2016.

[112] 王秋霞, 王智慧, 郑颖,等. 琼脂糖凝胶电泳实验规范管理的实践与探索[J]. 高校实验室工作研究, 2018,(3): 69-71.

[113] 刘水平, 罗志勇. 琼脂糖凝胶电泳实验技巧[J]. 实用预防医学, 2006,13(4): 1068-1069.

[114] 赵焕英, 包金风. 实时荧光定量 PCR 技术的原理及其应用研究进展[J]. 中国组织化学与

细胞化学杂志, 2007, 16(4): 492-497.

[115] 朱杰, 孙润广. 原子力显微镜的基本原理及其方法学研究[J]. 生命科学仪器, 2005, (1): 22-26.

[116] 张德添, 何昆, 张飒, 等. 原子力显微镜发展近况及其应用[J].现代仪器, 2002, (3): 6-9.

[117] 刘小虹, 颜肖慈, 罗明道, 等. 原子力显微镜及其应用[J]. 自然杂志, 2002, (1): 36-40.

[118] 贾志宏, 丁立鹏, 陈厚文. 高分辨扫描透射电子显微镜原理及其应用[J]. 物理, 2015, 44(7): 446-452.

[119] 姚骏恩. 电子显微镜的现状与展望[J]. 电子显微报, 1998, (6): 81-90.

[120] Garey M R, Johnson D S. Computers and Intractability: A Guide to the Theory of NP-Completeness[M]. New York: W. H. Freeman and Company, 1979.

[121] Jensen T R, Toft B. Graph Coloring Problem[M]. New York: Wiley-Interscience, 1995: 1-23.

[122] Fleurent C, Ferland J A. Genetic and hybrid algorithms for graph coloring[J]. Annals of Operations Research, 1996, 63(3): 437-461.

[123] 兰绍江, 韩丽霞, 王宇平. 图着色问题的混合遗传算法[J]. 计算机工程与应用, 2008, 44(28): 57-59.

[124] 许进, 张军英, 保铮. 基于 Hopfield 网络的图的着色算法[J]. 电子学报, 1996, 24(10): 7-13.

[125] 王秀宏, 王正欧, 乔清理. 四色和 K 色图着色问题的瞬态混沌神经网络解法[J]. 系统工程理论与实践, 2002, 22(5): 92-96.

[126] Johnson D S, Aragon C, Mcgeoch L A, et al. Optimization by simulated annealing: An experimental evaluation; part Ⅱ, graph coloring and number partitioning[J]. Operations Research, 1991, 39(3): 378-406.

[127] Bui T N, Nguyen T, Patel C M, et al. An ant-based algorithm for coloring graphs[J]. Discrete Applied Mathematics, 2008, 156(2): 190-200.

[128] 张丽, 马良, 石丽娜. 图着色问题的蚂蚁算法研究[J]. 上海工程技术大学学报, 2009, 23(4): 328-332.

[129] Rose J A, Deaton R J, Franceschetti D R, et al. A statistical mechanical treatment of error in the annealing biostep of DNA computation[C]//Genetic and Evolutionary Computation Conference, 1999: 1829-1834.

[130] Karp R M. Reducibility Among Combinatorial Problems[M]// Miller R E, Thatcher J W. Complexity of Computer Computations. New York: Plenum Press, 1972: 85-103.

[131] Balas E, Yu C. Finding a maximum clique in an arbitrary graph[J]. SIAM Journal on Computing, 1986, 15(4): 1054-1068.

[132] Carraghan R, Pardalos P M. An exact algorithm for the maximum clique problem[J].

Operations Research Letters, 1990, 9(6): 375-382.

[133] Ostergard P R. A fast algorithm for the maximum clique problem[J]. Discrete Applied Mathematics, 2002, 120(1): 197-207.

[134] Pardalos P M, Rodgers G P. A branch and bound algorithm for the maximum clique problem[J]. Computers & Operations Research, 1992, 19(5): 363-375.

[135] Robert C, Kihong P. How Good are Genetic Algorithms at Finding Large Cliques: An Experimental[M]. Boston: Boston University, 1993.

[136] Marchiori E. A simple heuristic based genetic algorithm for the maximum clique problem[C]// ACM Symposium on Applied Computing, 1998: 366-373.

[137] Bomze I M, Budinich M, Pelillo M, et al. Annealed replication: A new heuristic for the maximum clique problem[J]. Discrete Applied Mathematics, 2002, 121(1): 27-49.

[138] Lin R, Chen S. Conjugate conflict continuation graphs for multi-layer constrained via minimization[J]. Information Sciences, 2007, 177(12): 2436-2447.

[139] Nalini N, Rao G R. Attacks of simple block ciphers via efficient heuristics[J]. Information Sciences, 2007, 177(12): 2553-2569.

[140] Geng X, Xu J, Xiao J, et al. A simple simulated annealing algorithm for the maximum clique problem[J]. Information Sciences, 2007, 177(22): 5064-5071.

[141] Jagota A. Approximating maximum clique with a Hopfield network[J]. IEEE Transactions on Neural Networks, 1995, 6(3): 724-735.

[142] Zhang J Y, Xu J, Bao Z. Algorithm for the maximum clique and independent set of graphs based on Hopfield networks [J]. Journal of Electronics, 1996, 18: 122-127.

[143] Bertoni A, Grossi P G. A neural algorithm for the maximum clique problem: Analysis, experiments, and circuit implementation[J]. Algorithmica, 2002, 33(1): 71-88.

[144] Kim I, Watada J, Pedrycz W, et al. A DNA-based algorithm for arranging weighted cliques[J]. Simulation Modelling Practice and Theory, 2008, 16(10): 1561-1570.

[145] 李源, 方辰, 欧阳颀. 最大集团问题的 DNA 计算机进化算法[J]. 科学通报, 2004, 49(5): 439-443.

[146] 贾晓峰, 郭廷花, 续晓欣, 等. 关于最大团问题的一种新算法[J]. 中北大学学报(自然科学版), 2006, 27(2): 180-182.

[147] Yang J, Zhang C, Xu J. Molecular computations of the maximal clique problem using DNA self-assembly[C].International Conference on Bto-inspired Computing. IEEE, 2009: 1-5.

[148] Bondy J A, Murty U S R. Graph Theory with Applications[M]. New York: The Macmillan Press Ltd, 1976: 109-125.

[149] Kasuga T, Cheng J, Mitchelson K R. Magnetic bead-isolated single-strand DNA for SSCP analysis[J]. Methods in Molecular Biology, 2001, 163: 135-147.

[150] Narsingh D. Graph Theory with Applications to Engineering and Computer Science[M]. New Delhi: Prentice-Hall of India Private Limited, 2005.

[151] Samanta A, Zhou Y, Zou S, et al. Fluorescence quenching of quantum dots by gold nanoparticles: A potential long range spectroscopic ruler[J]. Nano Letters, 2014, 14(9): 5052-5057.

[152] Iinuma R, Ke Y, Jungmann R, et al. Polyhedra self-assembled from DNA tripods and characterized with 3d DNA-paint[J]. Science, 2014, 344(6179): 65-69.

[153] Zhao W, Lam J C F, Chiuman W, et al. Enzymatic cleavage of nucleic acids on gold nanoparticles: A generic platform for facile colorimetric biosensors[J]. Small, 2008, 4(6): 810-816.

[154] Zhang Y, Li F, Li M, et al. Encoding carbon nanotubes with tubular nucleic acids for information storage[J]. Journal of the American Chemical Society, 2019, 141(44): 17861-17866.

[155] Qian L, Winfree E, Bruck J.Neural network computation with DNA strand displacement cascades[J]. Nature, 2011, 475(7356): 368-372.

[156] Cherry K M, Qian L. Scaling up molecular pattern recognition with DNA-based winner-take-all neural networks[J]. Nature, 2018, 559(7714): 370-376.

[157] Song T, Eshra A, Shah S, et al. Fast and compact DNA logic circuits based on single-stranded gates using strand-displacing polymerase[J]. Nature Nanotechnology, 2019, 14(11): 1075-1081.

[158] Zhang D Y, Winfree E. Dynamic allosteric control of noncovalent DNA catalysis reactions[J]. Journal of the American Chemical Society, 2008, 130(42): 13921-13926.

[159] Labean T H, Yan H, Kopatsch J, et al. Construction, analysis, ligation, and self-assembly of DNA triple crossover complexes[J]. Journal of the American Chemical Society, 2000, 122(9): 1848-1860.

[160] Yan H, Park S H, Finkelstein G, et al. DNA-templated self-assembly of protein arrays and highly conductive nanowires[J]. Science, 2003, 301(5641): 1882-1884.

[161] Aryal B R, Westover T R, Ranasinghe D R, et al. Four-point probe electrical measure-ments on templated gold nanowires formed on single DNA origami tiles[J]. Langmuir, 2018, 34(49): 15069-15077.

[162] Vittala S K, Saraswathi S K, Joseph J. Fullerene cluster assisted self-assembly of short DNA strands into semiconducting nanowires[J]. Chemistry: A European Journal, 2017, 23 (62): 15759-15765.

[163] Lau K L, Hamblin G D, Sleiman H F, et al. Gold nanoparticle 3D-DNA building blocks: High purity preparation and use for modular access to nanoparticle assemblies[J]. Small, 2014, 10 (4): 660-666.

[164] Zhan P, Both S, Weiss T, et al.DNA-assembled multilayer sliding nanosystems[J]. Nano Letters, 2019, 19 (9): 6385-6390.

彩　　图

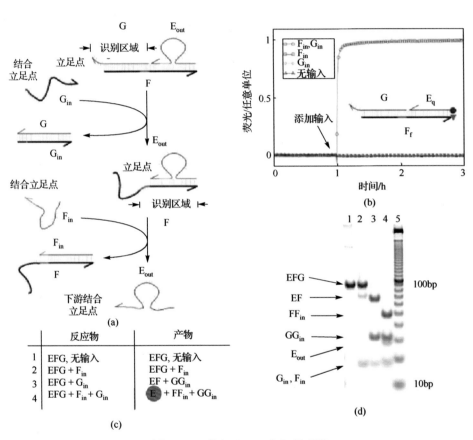

图 1.1　二输入"AND"门原理图

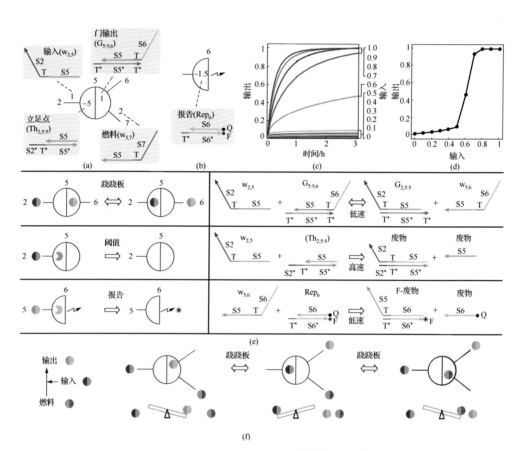

图 1.3　DNA 构建 seesaw 门的设计与实现

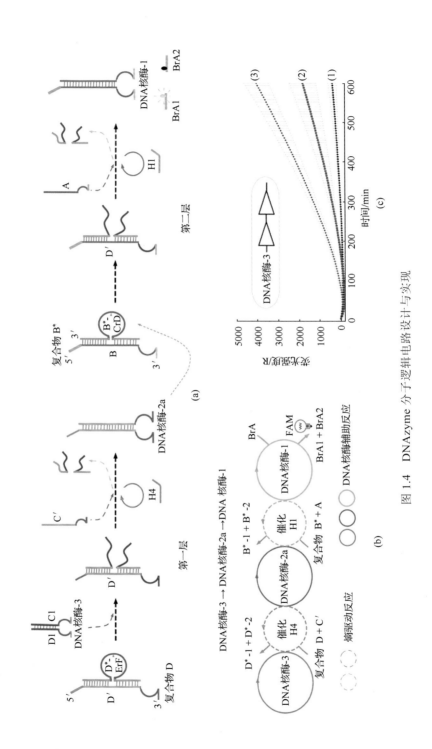

图 1.4　DNAzyme 分子逻辑电路设计与实现

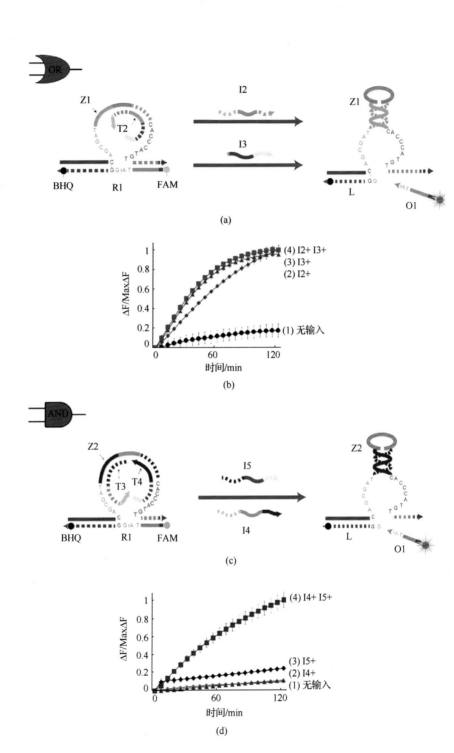

(a)

(b)

(c)

(d)

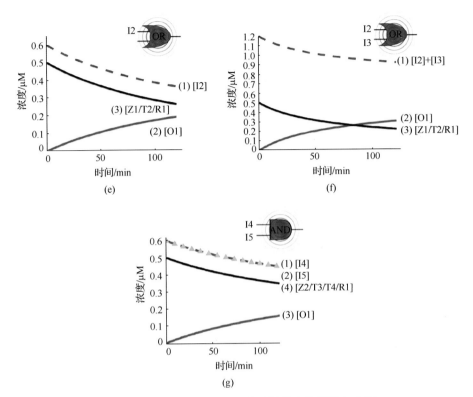

图 1.5　可变构 DNAzyme 分子逻辑电路设计与实现

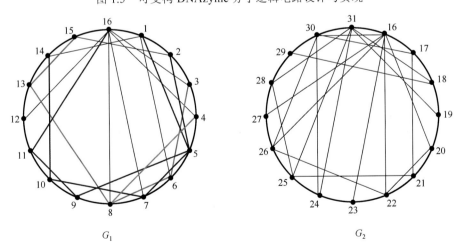

G_1　　　　　　　　　　　　　　　　G_2

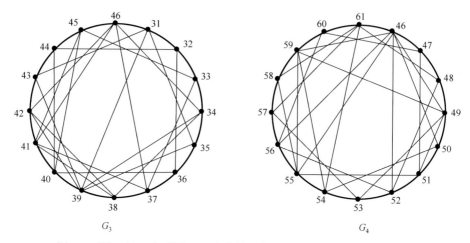

图 3.3 图 G 的 4 个子图。G_1 中的第一条路径为褐色，第二条路径为
深蓝色，第三条路径为紫色，单边为橙色

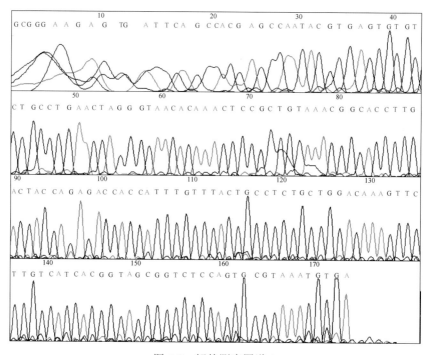

图 4.8 解的测序图谱 1

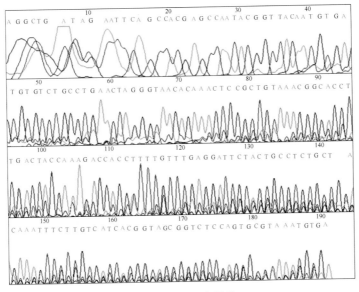

图 4.14　解的测序图谱 2

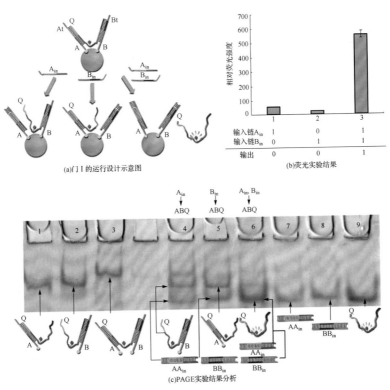

(a)门 I 的运行设计示意图

(b)荧光实验结果

(c)PAGE实验结果分析

图 5.4　基本分子"与"逻辑门 I

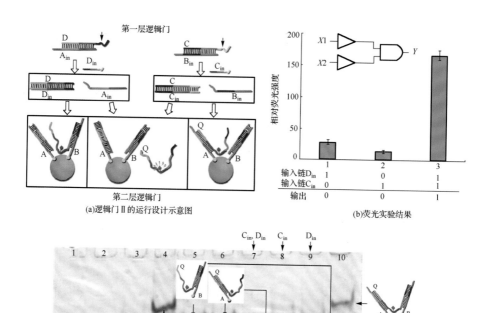

图 5.5　二层分子逻辑门 II

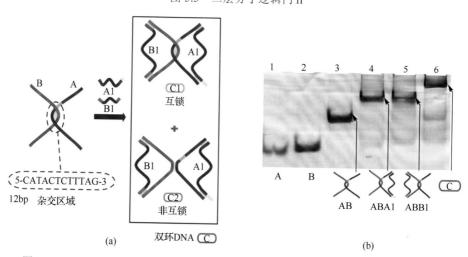

图 5.22　(a)双环 DNA 产物 C 的设计与合成；(b)双环产物合成过程的 PAGE 凝胶

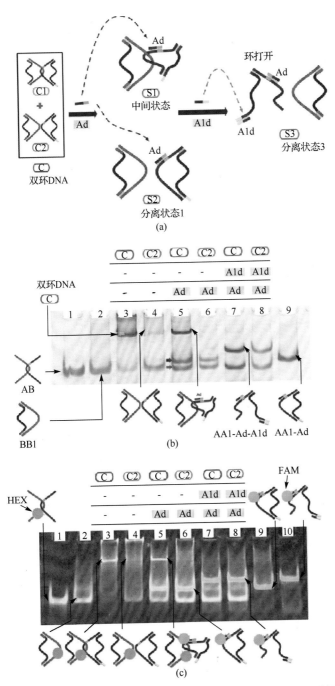

图 5.23　(a)通过链置换分离双环的过程；(b)链置换过程的 PAGE 凝胶结果；
(c)荧光链进行链置换的 PAGE 凝胶结果

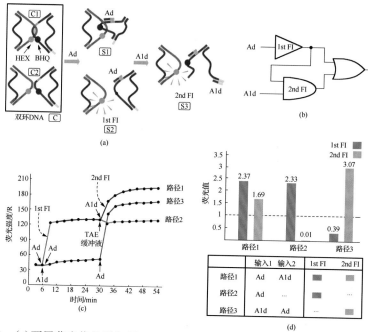

图 5.24　(a)两层荧光信号增加原理示意图；(b)顺序检测的逻辑电路；(c)三种路径
对应的荧光结果；(d)荧光结果的统计分析

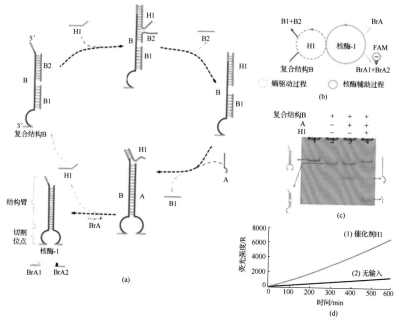

图 5.27　(a)基于核酶调控策略的"是"门；(b)"是"门的抽象图；(c)"是"门反应
的 PAGE 结果分析；(d)实时荧光结果分析

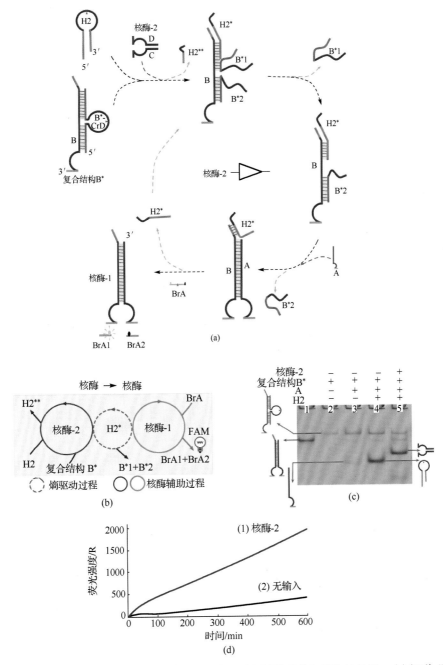

图 5.28　(a)基于核酶调控策略的级联"是"门；(b)级联"是"门的抽象图；(c)级联"是"门反应的 PAGE 结果分析；(d)实时荧光结果分析

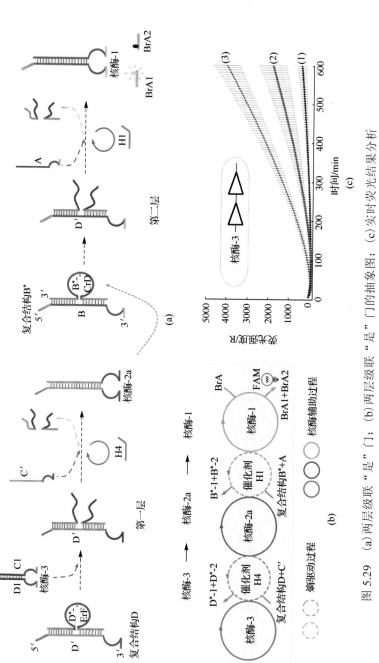

图 5.29 (a) 两层级联 "是" 门; (b) 两层级联 "是" 门的抽象图; (c) 实时荧光结果分析

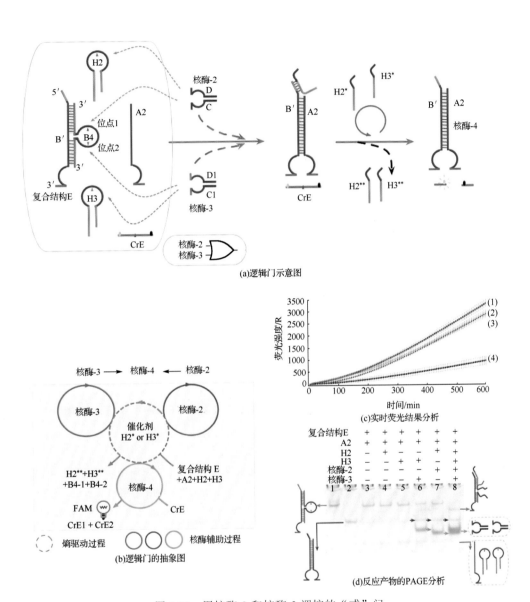

图 5.30　用核酶-2 和核酶-3 调控的"或"门

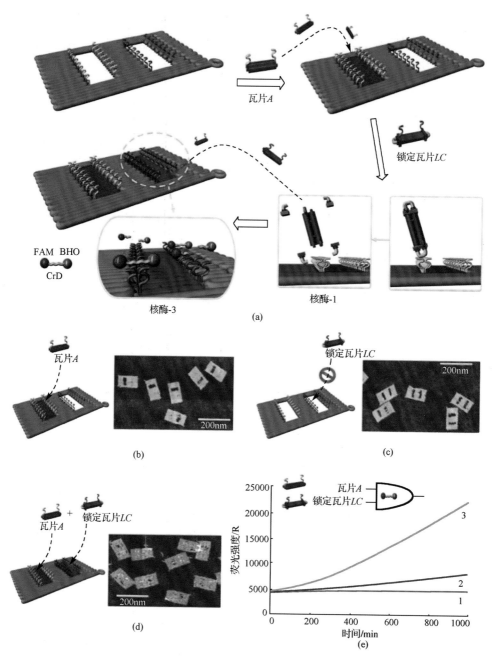

图 5.45 (a)级联"与"门; (b)只输入瓦片 *A* 时生成的结构; (c)只输入瓦片 *LC* 时生成的结构; (d)两者同时输入时生成的结构; (e)实时荧光信号分析